NAVIGATION
Sara Hopkinson

NAVIGATION
Sara Hopkinson
für Einsteiger

pietsch

Die englischsprachige Originalausgabe erschien 2006 unter dem Titel
Navigation – A Newcomer's Guide be Fernhurst Books, Duke's Path,
High Street, Arundel, West Sussex, BN18 9Aj, UK
Copyright © 2006 Fernhurst Books

Deutsche Fassung: Hermann Leifeld
Einbandgestaltung: Katja Draenert

Eine Haftung des Autors oder des Verlages und seiner
Beauftragten für Personen-, Sach- und Vermögensschäden
ist ausgeschlossen.

ISBN 3-613-50511-8
ISBN 978-3-613-50511-7

Copyright © by Pietsch Verlag, Postfach 103743, 70032 Stuttgart
Ein Unternehmen der Paul Pietsch Verlage GmbH + Co
1. Auflage 2006

Sie finden uns im Internet unter: www.pietsch-verlag.de

Nachdruck, auch einzelner Teile, ist verboten. Das Urheberrecht und sämtliche weiteren Rechte sind dem Verlag vorbehalten. Übersetzung, Speicherung, Vervielfältigung und Verbreitung einschließlich Übernahme auf elektronische Datenträger wie CD-ROM, Bildplatte usw. sowie Einspeicherung in elektronische Medien wie Bildschirmtext, Internet usw. sind ohne vorherige schriftliche Genehmigung des Verlages unzulässig und strafbar.

Innengestaltung: Medienfabrik GmbH, 71696 Möglingen
Druck und Bindung: Gulde-Druck, 72072 Tübingen
Printed in Germany

Inhalt

- **Willkommen beim Thema Navigation**   5

- **Seekarten: 1
Kartentypen**   6

- **Ein paar gebräuchliche und wichtige Symbole**   9

- **Seekarten: 2
Tiefen- und Höhenangaben**   10

- **Positionsangaben: 1
Breite und Länge**   14

  Breite und Länge (eines Objekts)
  aus der Karte entnehmen   15
  Entfernungen aus der Karte entnehmen   16

- **Positionsangaben: 2
Entfernung und Peilung**   18

  Mit dem Kurslineal arbeiten   20

- **Positionsbestimmung: 1
GPS**   22

  GPS (Global Positioning System)   22
  Einzeichnen der Position
  aus Länge und Breite   23
  Was ist denn ein Wegpunkt?   24
  Einzeichnen der Position mit
  Bezug auf einen Wegpunkt   24

- **Positionsbestimmung: 2
Ein Besteck**   27

  Standortbestimmung aus drei Peilungen   27
  Missweisung   28
  Einzeichnen einer Kreuzpeilung
  mit drei Objekten   29
  Einzeichnen einer Deckpeilung   30

- **Positionsbestimmung: 3
Ein gegisster Schiffsort**   31

  Das Logbuch   31
  Einzeichnen einer gekoppelten Position   32
  Was bedeutet denn Abdrift?   33

- **Positionsbestimmung: 4
Berichtigter Koppelort**   35

  Einzeichnen
  eines berichtigten Koppelorts   35
  Kurs über Grund (KüG)   36
  Fahrt über Grund (FüG)   36

- **Gezeiten: 1
Allgemeine Einführung**   38

  Woher kommen die Gezeiten?   38

- **Gezeiten: 2
Gezeitentafeln und
Gezeitenhöhen**   42

  Spring- oder Nipptide?   42
  Anschlussorte   43

■ Gezeiten: 3
Gezeitenströme   46

Tidenrauten   47
Gezeitenatlas   48

■ Gezeiten: 4
Gezeitenhöhen   50

Wann ist die Einfahrt möglich?   50
Vielleicht stellt sich die Situation
aber auch folgendermaßen dar   52
Wie hoch ist die Tide
zu einer bestimmten Zeit?   52
Welche Mindesttiefe ist zum Ankern
oder Festmachen erforderlich?   53
Checkliste vor dem Ablegen   54

■ Die »Sierra« auf Fahrt... von
Pin Mill nach Brightlingsea   54

■ Kurs durchs Wasser: 1
Grundlagen   58

■ Kurs durchs Wasser: 2
... und einiges mehr   62

Abdrift   64
Voraussichtliche Ankunftszeit (ETA)   65
Kurs durchs Wasser für mehr
oder weniger als eine Stunde   65

■ Revierfahrt: 1
Das Betonnungssystem   66

Arten von Tonnen und Baken   67
Lateralzeichen   68
Kardinalzeichen   68
Sonstige Zeichen   69

■ Revierfahrt: 2
Der Plan   70

Deckpeilungen und Richt(feuer)linien   71
Rückpeilungen   72
GPS-Wegpunkt   72
Wegpunktspinne   72
Gefahrengrenzen   73
Der Plan   73

■ Törnplanung: 1
Die Bestimmungen   74

1 Törnplanung   74
2 Radarreflektoren   76
3 Hilfe für andere Schiffe   77
4 Missbrauch von Notsignalen   77

■ Törnplanung: 2
Die Details   78

Auslaufen/Einlaufen   78
Fahrt zum Ziel   80

■ Elektronik: 1
Die Grundlagen   82

■ Elektronik: 2
Kartenplotter   86

■ Die »Sierra«
... und weiter geht die Fahrt 90

■ Navigation
... kurz und bündig   94

■ Willkommen beim Thema Navigation

Die Navigation ist etwas, mit dem wir uns alle beschäftigen: Sie dreht sich schlicht und einfach darum, einen Weg zwischen Start und Ziel einer Reise zu finden.

Wir befahren die Autobahnen und Schienenwege und richten uns dabei nach Karten und Schildern. Wir haben gelernt, die Karten zu lesen, den Schildern zu folgen, nach Landmarken Ausschau zu halten und Fahrpläne zu studieren. Wir berechnen die Reisedauer, indem wir die Entfernung durch die voraussichtliche Durchschnittsgeschwindigkeit teilen und dann noch etwas Zeit zugeben, weil es zu Staus und Verzögerungen kommen könnte. Wenn das Ziel in einer Gegend liegt, in der wir noch nicht gewesen sind, holen wir uns Rat und Tipps aus Büchern und bei Freunden oder Bekannten. All das zusammen ist Navigation.

Ziel dieses Buchs ist es, diese Fähigkeiten der Navigation vom Land auf die See zu übertragen. Irgend jemand hat mir mal erklärt, in der Navigation gebe es nur zwei Fragen, nämlich:

Wo bin ich? ……………..
(siehe S. 22-37, Positionsbestimmung)
Wohin will ich?...............
(siehe S. 51-65, Steuerkurs)

Dem ist zwar generell zuzustimmen, aber um diese beiden Grundfragen zu beantworten, müssen noch weitere Details berücksichtigt werden.

Damit das Buch in der Praxis leicht zu benutzen ist, sind die verschiedenen Themenbereiche farblich gekennzeichnet und bauen aufeinander auf.

Navigieren macht Spaß – und kann so schwierig nicht sein, denn viele Menschen tun es!
Sara Hopkinson

Auswahl aus der riesigen Palette an elektronischen Navigationsgeräten

Seekarten

■ Seekarten: 1
Kartentypen

Wer sich für die Navigation auf See interessiert, beginnt am besten bei den Seekarten – den »Landkarten« der Meere. Diese Karten sind voll von faszinierenden Details, nicht des Landes oder der See an sich, sondern der Küste und all dessen, was unter Wasser liegt. Die den Seekarten zugrunde liegenden Daten sind im Laufe vieler Jahrhunderte von Seefahrern und Forschern zusammengetragen worden und werden heute durch die Satellitentechnik immer genauer. Aus jeder Seekarte ist ersichtlich, auf welchen Ursprungs-

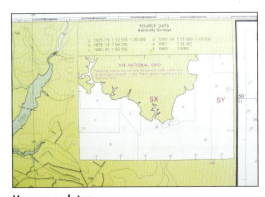

Ursprungsdaten

daten sie beruht und von wann die Vermessungen stammen.
Seekarten zeigen in erster Linie die Details, die für die Navigation von Interesse sind, also

- ▶ die Wassertiefe
- ▶ Gefahrenstellen wie Felsen und Sandbänke
- ▶ auffällige Objekte an der Küste
- ▶ Punkte von navigatorischer Bedeutung wie Leuchttürme und Tonnen

Viele Details an Land fehlen, weil sie (für die Navigation) unwichtig sind.

Am besten befasst man sich erst einmal mit der Seekarte eines Reviers, in dem man schon gesegelt oder das man von Land aus gesehen hat.

Normale Buchläden, die Land- oder Straßenkarten verkaufen, haben nicht unbedingt auch Seekarten im Angebot, und die meisten Schiffsausrüster in Marinas bieten nur ein paar Karten des jeweiligen Reviers, so dass man sich zweckmäßigerweise an eine offizielle **Seekartenverkaufsstelle** wendet. Diese Verkaufsstellen haben sich auf Seekarten spezialisiert und nautische Publikationen für alle Seegebiete der Erde vorrätig.

Es gibt verschiedene Arten von Seekarten.

Admiralty-Karten. Diese Seekarten werden vom britischen hydrographischen Institut herausgegeben. Dieses Institut produziert Seekarten und Bücher, die überall auf der Welt verwendet werden können. Die **Seekarten im Standardformat** sind groß, ca. 1 m x 0,75 m, und daher umständlich in der Handhabung, wenn man nur einen kleinen oder gar keinen Kartentisch besitzt. Sie sind nur bei Verkaufsstellen für Admiralty-Karten erhältlich und recht teuer. Das liegt unter anderem daran, dass sie zur Zeit des Verkaufs auf dem neuesten Stand sind. Jede Seekarte veraltet

SEEKARTEN

recht schnell, weil sich Wassertiefen ändern und Tonnen verlegt werden, aber die Verkaufsstelle führt, wenn es sein muss, jede Woche Berichtigungen durch. Nachdem man eine Karte gekauft hat, ist man selbst dafür verantwortlich, sie auf dem neuesten Stand zu halten. Entsprechende Informationen findet man in den »Notices to Mariners« (dt. Nachrichten für Seefahrer), einer Schriftenreihe, die über die offiziellen Verkaufsstellen bezogen bzw. von der Admiralty-Webseite unter **www.nmwebsearch.com** heruntergeladen werden können.

Daneben gibt das hydrographische Institut eine **Kartenserie für die Sportschifffahrt** heraus. Diese Karten zeigen die gleichen Details wie die Admiralty-Karten, sind aber auf dünnerem Papier mit Informationen auf der Rückseite gedruckt und werden auf etwa **A4-Format** gefaltet verkauft. Dabei muss man wissen, dass diese Karten nach dem Druck **nicht** mehr berichtigt werden; deshalb sind sie auch billiger und können über normale Schiffsausrüster bezogen werden. Karten für die Sportschifffahrt gibt es auch satzweise zu etwa zehn Karten im Format A2 für die beliebtesten Sportsegelreviere.

Kartensatz für die Sportschifffahrt

Diese Kartensätze sind recht preiswert und werden in stabilen Plastiktaschen geliefert, haben aber den Nachteil, dass man keine Einzelkarte daraus kaufen kann und sich mit dem vorgegebenen Maßstab begnügen muss.

Seit 2004 gibt es diese Kartensätze auch unter der Bezeichnung **Admiralty RYA* Electronic Chart**

Plotter in elektronischer Form. Diese elektronischen Seekarten für den Computer sind jeweils für ein Jahr lizenziert. Danach muss man eine neue Ausgabe kaufen, wenn man auf dem neuesten Stand sein will. Die Karten sehen aus wie die Papierversion, lassen sich aber nicht nur auf dem Monitor anzeigen, sondern auch zu nautischen Berechnungen nutzen. Weitere Informationen über die Produkte des britischen hydrographischen Instituts sind im Internet unter **www.ukho.gov.uk** zu finden.

Imray-Karten (in Deutschland unter dem Namen Imray-Iolaire erhältlich) sind ein Produkt des Verlags Imray, Laurie, Norie and Wilson. Sie werden über Kartenverkaufsstellen und Schiffsausrüster vertrieben und decken die britischen Inseln, das Mittelmeer und die Karibik ab. Die Karten sind einzeln und im Satz erhältlich und auf wasserfestem Papier gedruckt. Imray produziert viele See- und Segelhandbücher für beliebte Reviere, die speziell für Skipper von Segel- und Motoryachten geschrieben sind, während die Admiralty-Publikationen ursprünglich für die Berufsschifffahrt vorgesehen waren.

HOPKINSON • NAVIGATION FÜR EINSTEIGER

Stanford-Karten decken die britischen Inseln und einen Teil des europäischen Kontinents ab; es gibt sie als Faltblätter und als Kartensätze. Alle Karten sind auf wasser- und reißfestem Papier gedruckt. Auch sie sind auf die Bedürfnisse der Sport- und nicht der Berufsschifffahrt ausgerichtet.

Elektronische Karten für den Computer erfreuen sich zunehmender Beliebtheit. Sie werden außer vom britischen hydrografischen Institut auch von privaten Unternehmen produziert. Darüber später mehr; an dieser Stelle soll nur darauf hingewiesen werden, dass auch diese Karten immer auf den neusten Stand gebracht werden müssen.

Ausländische Karten sehen ganz ähnlich aus und sind durchaus eine Überlegung wert. So gibt beispielsweise das Bundesamt für Seeschifffahrt und Hydrographie (BSH) eine Serie von Sportbootkarten für Ost- und Nordsee sowie einige andere Gebiete heraus. Und die Karten der niederländischen Binnenwasserstraßen sind reich an Details und so beliebt, dass sie auch bei Schiffsausrüstern außerhalb der Niederlande erhältlich sind.

Bei vielen Zeichen, die in den Seekarten verwendet werden, weiß man gleich, was sie bedeuten, während man sich mit anderen erst einmal vertraut machen muss... und zwar am besten nach und nach, weil die Anzahl in die Hunderte geht. Das BSH gibt ein recht nützliches Heft her-

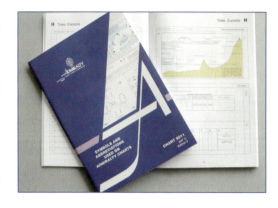

aus: **Zeichen, Abkürzungen, Begriffe in deutschen Seekarten.** Dieses allgemein als **Karte 1** bekannte Heft sollte in keiner Bordbücherei fehlen. Die Angaben gelten zwar offiziell für deutsche Seekarten, sind aber auch für andere Karten zu gebrauchen, da sich die Zeichen und Symbole weltweit gleichen und zudem englische Übersetzungen angeboten werden.

Bei vielen Kartensymbolen ist die Bedeutung problemlos zu erkennen, weil es sich dabei um stark verkleinerte Abbilder der realen Objekte handelt. Da die einzelnen Bilder auf dem Papier naturgemäß mehr Platz einnehmen als die betreffenden Objekte in der Wirklichkeit, ist deren genaue Position in einem kleinen Kreis in der Basislinie angegeben.

Viele Wassersportler, die zum ersten Mal mit der Navigation in Berührung kommen, glauben unmittelbar, sie bräuchten eine (neue) Brille.

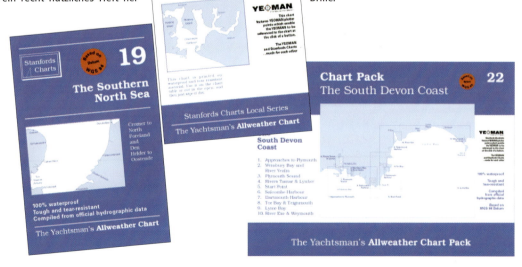

10

SEEKARTEN

■ Ein paar gebräuchliche und wichtige Symbole:

 Rote Tonne, befeuert

 Nordtonne, unbefeuert

 Grüne Tonne, unbefeuert

 Fels in Höhe des Kartennulls

 Ungefährliches Wrack, Tiefe unbekannt

 Gefährliche Unterwasserklippe, Tiefe unbekannt

 Gefährliches Wrack, Tiefe unbekannt

 Wrackreste oder anderes Hindernis, ungefährlich für die Überwasserschifffahrt, jedoch beim Ankern, Fischen usw. zu meiden

 Wrack, geringste Tiefe bekannt

 Schifffahrtshindernis, Tiefe unbekannt

 Wrack, geringste Tiefe bekannt, abgesucht mit Schleppgerät

 Starkes Feuer oder Leuchtturm

 Wrack, geringste Tiefe unbekannt, die angegebene Tiefe kann jedoch als wahrscheinliche Mindesttiefe betrachtet werden

 Befeuerte Turmbake

 Wrack mit sichtbaren Rumpfteilen oder Deckaufbauten über Kartennull

 Sperrgebiet

 Fels, trockenfallend, Höhe über Kartennull, soweit bekannt

 Überbrechende Seen

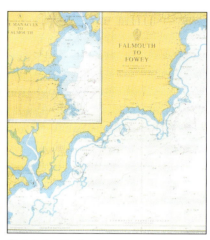

Nicht metrische Seekarte   **Metrische Seekarte**

■ Seekarten: 2
Tiefen- und Höhenangaben

Die meisten, aber nicht alle Seekarten sind mittlerweile metrisch und sofort an den vielen Farben zu erkennen… außerdem steht deutlich TIEFEN IN METER darauf. Das bedeutet, dass die Wassertiefen und die Höhen von Brücken und Leuchttürmen in Metern angegeben sind. Auf **nicht metrischen Karten** werden die Tiefen in Fuß (feet) und Faden (fathoms) und die Höhen in Fuß angegeben (6 Fuß = 1 Faden). Die nicht metrischen Karten erscheinen im Vergleich recht eintönig, weil die Farben überwiegend auf schwarz und weiß beschränkt sind.

Auf metrischen Karten dienen die Farben in erster Linie dazu, die verschiedenen Tiefen zu verdeutlichen:

- ▶ **Gelb** steht für Bereiche oberhalb des Meeresniveaus… Land!
- ▶ **Grün** sind Flächen wie Strände, Felsen, Watt und Sandbänke, die nur zeitweise von Wasser bedeckt sind. Diese Flächen bezeichnet man als trockenfallende Bereiche.
- ▶ **Dunkelblau**, hellblau und schließlich weiß zeigen zunehmende Wassertiefen an.

Diese Bereiche werden durch **Tiefenlinien** begrenzt. Wenn man einer solchen Tiefenlinie folgt, stößt man irgendwo auf die entsprechende Meterangabe.

Flachwasserbereiche findet man keineswegs nur entlang der Küstenlinie. In diesem Zusammenhang sind beispielsweise die Sandbänke in der Themsemündung berühmt, um nicht zu sagen berüchtigt! Sie bilden dort, wo der Fluss sich in die Nordsee ergießt, ein komplexes Labyrinth von Fahrrinnen. Man kann in der Themsemündung durchaus auf Grund laufen, ohne dass Land in Sicht ist, und bei Schwerwetter sind schon zahlreiche Boote auf diesen gefährlichen Sandbänken kurz und klein geschlagen worden. Auch die Bramble Bank im Solent wird vielen Seglern zum Verhängnis, und das trotz der Nähe zum Hauptfahrwasser in Richtung Southampton.

All diese Sandbänke sind in der Seekarte genau gekennzeichnet, aber als Skipper muss man eben mit großer Sorgfalt navigieren und sollte immer an den alten Spruch denken, dass »das nächste Stück Land immer das unter dem Kiel ist«.

SEEKARTEN

Die Wassertiefe mag ja eine der wichtigsten Informationen für die Schifffahrt sein, aber sie kann auf einer Seekarte nicht mit absoluter Genauigkeit angegeben werden, weil sie schwankt, wenn das Wasser mit der Tide steigt oder fällt.

Diesem Problem rückt man dadurch zu Leibe, dass die angegebenen Wassertiefen sich auf das so genannte **Kartennull** beziehen, ein theoretisches Niveau, von dem aus gemessen wird.

Das Kartennull wird üblicherweise definiert als örtlich **niedrigst möglicher Gezeitenwasserstand** oder niedrigste astronomische Tide (engl. Lowest Astronomical Tide, LAT) – astronomisch, weil die Wasserbewegungen, die wir als Tiden oder Gezeiten bezeichnen, durch die Stellung von Sonne und Mond verursacht werden. Die in der Karte verzeichnete Wassertiefe ist daher eine pessimistische Angabe, weil sie das niedrigste Niveau anzeigt, auf das das Wasser sinken kann, es sei denn, bei extremen Wetterverhältnissen oder anomalem Tidenhub (der **Tidenhub** ist das Maß, um den das Wasser zwischen Hoch- und Niedrigwasser steigt oder fällt).

Tidenhub = HW - NW

Anders ausgedrückt: Es ist fast immer mehr Wasser vorhanden, als in der Karte angegeben – bei Hochwasser viel und bei Niedrigwasser nur etwas mehr. Die Angabe der geringsten Tiefe, die überhaupt zu erwarten ist, vergrößert die Sicherheitsmarge. Die Zahlen in den blauen und weißen Bereichen der Karte bezeichnen die Kartentiefe in Meter, d.h., den Abstand zwischen Kartennull und Grund. Die Zehntel stehen nicht hinter einem Dezimalkomma, sondern sind tiefgestellt.

1_7 = 1,7 m 24_6 = 24,6 m

Wenn man die tatsächliche **Wassertiefe** an einem bestimmten Punkt wissen will, muss man die **Gezeitenhöhe** zur angegebenen Kartentiefe addieren (die Gezeitenhöhe ist die Differenz zwischen tatsächlichem Wasserstand und Kartennull. Die Gezeitenhöhe findet man für Hoch- und Niedrigwasser in den entsprechenden Gezeitentafeln. Für die Zeit dazwischen kann man sie bei Bedarf berechnen; siehe Abb. 1).

Gezeitenhöhe + Kartentiefe = Wassertiefe

Ein weiteres Merkmal im Zusammenhang mit Tiefenangaben durch Farben und Zahlen ist die **trockenfal-**

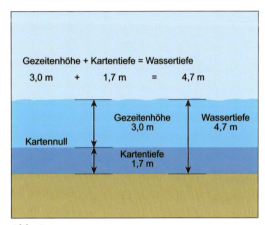

Abb. 1

lende Höhe. Das ist ein Bereich **über Kartennull**, der deshalb die meiste Zeit, zeitweise oder auch nur gelegentlich aus dem Wasser herausragt. Trockenfallende Höhen werden in **Grün mit unterstrichenen Zahlen** angegeben, die die Höhe in Metern über Kartennull anzeigen (Abb. 2).

0 = trockenfallend 0.5 m
8 = trockenfallend 1.8 m
über Kartennull

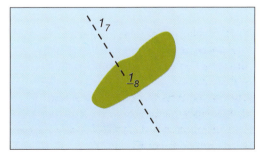

Abb. 2

13

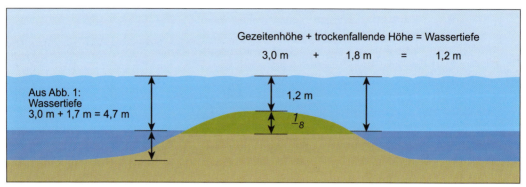

Abb. 3

Diese Bereiche sind vor der Küste zu finden und an Felsen oder Sandbänken, aber auch hier muss wieder die Gezeitenhöhe berücksichtigt werden, um die reale Gefahr abschätzen zu können. **Die Gezeitenhöhe muss auf die trockenfallende Höhe** gemäß Karte **angewandt werden** und gleicht sie dann möglicherweise völlig aus. Die Karte zeigt auch hier wieder pessimistische Werte, um die Sicherheitsmarge zu erhöhen. Wie bereits gesagt: Es ist fast immer mehr Wasser unter dem Kiel zu erwarten, als in der Karte angegeben ist.

Das ist bis zu einem gewissen Punkt eine gute Sache. Die grünen Bereiche befinden nicht immer über dem Wasserspiegel, auch wenn sie über dem Kartennull liegen. Als Skipper sieht man sie auf der Karte, kann sie aber nicht immer mit den Augen wahrnehmen – wenn das möglich wäre, liefen an diesen Stellen weniger Segler auf Grund! Manchmal fällt eine Sandbank trocken, so dass sich die Robben dort sonnen, manchmal ist sie so hoch von Wasser bedeckt, dass man problemlos darüber hinweg segeln kann, und manchmal liegt sie zwar unter Wasser, so dass sie nicht zu sehen ist, aber das Wasser ist nicht tief genug! All das ist abhängig von der Gezeitenhöhe (Abb. 3).

> **Gezeitenhöhe – trockenfallende Höhe = Wassertiefe**

Die Farben und Zahlen helfen dem Navigator dabei, im Kopf das dreidimensionale Bild entstehen zu lassen, das erforderlich ist, um sicher in Flüssen, Mündungen und Küstenrevieren zu navigieren (Abb. 3).

Beziehen sich alle Höhenangaben auf Kartennull?

Nein. Ausnahmen sind beispielsweise **Leuchtturmhöhen und Durchfahrtshöhen von Brücken**. Diese Angaben sind auf **MSpHW** (mittleres Springhochwasser) bezogen (Abb. 4). Das ist die durchschnittliche oder mittlere Gezeitenhöhe beim höchsten Hochwasser, der so genannten Springtide. Springtiden kommen das ganze Jahr hindurch vor. Mehr darüber später.

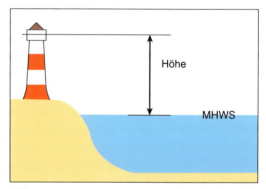

Abb. 4

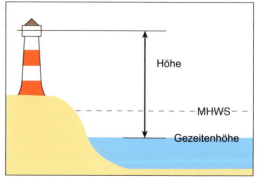

Abb. 5

SEEKARTEN

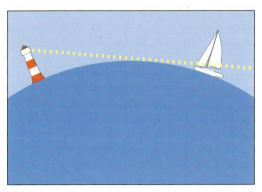

Abb. 6

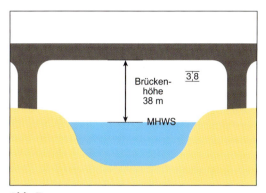

Abb. 7

Normalerweise ist die Gezeitenhöhe niedriger als MSpHW (Abb. 5), d.h., dass beispielsweise ein Leuchtturm in der Realität »höher« als in der Karte verzeichnet und aus größerer Entfernung sichtbar ist (Abb. 6). Bei Brücken und Stromleitungen kann ein Skipper, der wissen möchte, ob sein Schiff darunter durch passt, sicher sein, dass die in der Karte angegebene Durchfahrtshöhe das Mindestmaß darstellt. Wenn die Gezeitenhöhe niedriger ist als das mittlere Springhochwasser, steht mehr Raum für die Durchfahrt zur Verfügung (Abb. 7 und 8).

Die Karte zeigt auch hier wieder pessimistische Werte, um die Sicherheitsmarge zu erhöhen.

Beim Blick in die Karte muss man auch auf die Informationen in den Anmerkungen achten. Irgendwo auf der Karte finden sich Angaben zur Karte selbst sowie spezielle Details und lokale Warnhinweise. Dazu gehören unter anderem:

▶ **Das Kartenbezugssystem.** Dabei handelt es sich um das Vermessungssystem, mit dessen Hilfe die Karte erstellt wurde. Während frühere Seekarten auf einer Vielzahl von Systemen beruhten, beispielsweise dem OSGB 36 für Großbritannien, basieren alle neueren Karten auf dem WGS84, der weltweiten geodätischen Vermessung von 1984. Muss man das wissen? In gewissen Maße ja. Wenn ein Satellitennavigationssystem wie GPS verwendet wird, muss es auf das selbe Bezugssystem wie die Karte eingestellt werden, damit es nicht zu Ungenauigkeiten kommt. Dazu muss man bei den Geräten ins Hauptmenü gehen und sollte vielleicht auch die Bedienungsanleitung lesen!

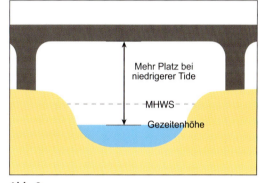

Abb. 8

▶ **Das Betonnungssystem.** Hier gibt es nur zwei Systeme oder Regionen. Nordamerika und andere Länder in der Nähe gehören zur Region B, alle anderen zur Region A. Mit diesem Thema befassen wir uns später noch. Das Ganze ist nicht so verwirrend, wie es scheint, muss aber beachtet werden, wenn man einen Chartertörn oder einen Tauchurlaub in exotischen Ländern plant.

▶ **Projektion.** Unter Projektion versteht man die Methode, mit der der runde Erdball auf ein flaches Stück Papier übertragen wird. Dieses Problem besteht schon, seit die ersten Karten gezeichnet wurden, und auch heute noch finden unterschiedliche Lösungen oder Projektionen Verwendung. Ihnen allen ist gemeinsam, dass es zu gewissen Maßstabsverzerrungen kommt.

▶ **Lokale Sicherheitshinweise und Warnungen.** Es ist sicherlich keine schlechte Idee, sich damit zu beschäftigen: Wenn sie nicht wichtig wären, hätte man sie gar nicht erst in die Karte aufgenommen!

Positionsangaben: 1
Breite und Länge

Nach den Symbolen und Farben auf einer Seekarte ist als nächstes die **Position** an der Reihe. Unter Position versteht man die Beschreibung eines **genauen Standorts** auf der Erdoberfläche. Wir handeln dieses Thema in zwei Teilen ab, nämlich

▶ wie beschribt man einem anderen Segler oder Motorbootfahrer, wo man sich befindet, und
▶ wie stellt man fest, wo man sich befindet... das kommt im nächsten Kapitel an die Reihe.

Die bekannteste Methode zur Beschreibung einer Position, die sich auf einer Karte darstellen lässt, bedient sich der **Breiten- und Längenkreise**. Diese Linien verlaufen horizontal und von Pol zu Pol um den Erdball und bilden auf diese Weise ein Gitter.

Wenn Breite und Länge zur Benennung einer Position verwendet werden, gibt man **immer zuerst die Breite** an.

Das Gitter besteht zum einen aus **Breitenkreisen** nördlich und südlich des Äquators. Diese Kreise sind nicht gleich lang, weil sie in Richtung der Pole kürzer werden, verlaufen aber parallel zueinander. Der Kreis 52° könnte sowohl 52°N in der Nähe von Ipswich in England als auch 52°S südlich von Australien sein, d.h., der Breitengrad muss immer mit N oder S ergänzt werden, damit die Angabe sinnvoll ist. Die Gradzahl 52° steht für den Winkel zwischen dem Breitengrad und dem Erdmittelpunkt (siehe Abb. 9).

Über die Breitenkreise gelegt sind die **Meridiane** oder **Längenkreise**, die von Greenwich aus gemessen werden. Sie sind gleich lang, verlaufen aber natürlich nicht parallel zueinander. Der Längenkreis 1° führt nahe an Ipswich vorbei und sollte in der Form 001° E geschrieben werden, um ihn eindeutig von 010° E oder 100° E zu unterscheiden (siehe Abb. 10). Das gleicht ein wenig dem Ausstellen eines Schecks, bei dem es ja auch darauf ankommt, wo die Nullen stehen. Auch die Angabe E oder W ist wichtig. 001° ist der Winkel zwischen diesem Längenkreis und dem Nullmeridian 000°, der durch das königliche Observatorium Greenwich in London verläuft.

Die Positionsangabe 52° N 001° E für Ipswich ist richtig, aber ungenau. Damit genauere Angaben möglich werden, ist **jedes Grad in sechzig Minuten und jede Minute in Zehntel** unterteilt. In diesem Format lautet die Positionsangabe für Ipswich: 52° 03,5' N 001° 09,5' E (siehe Abb. 11). Damit die Angaben richtig verstanden werden, müssen Nullen, Minutenzeichen und Dezimalkomma ebenso wie N und E genau an der richtigen Stelle stehen.

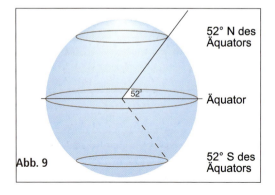

Abb. 9 — 52° N des Äquators / Äquator / 52° S des Äquators

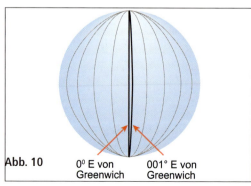

Abb. 10 — 0° E von Greenwich / 001° E von Greenwich

POSITIONSANGABEN

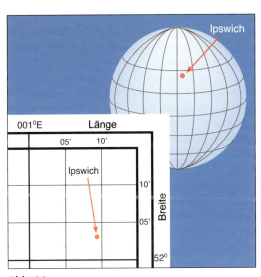

Abb. 11

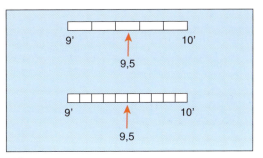

Abb. 12

Wenn dieses einfache Gitter von der kugelförmigen Erde auf ein zweidimensionales Stück Papier übertragen wird,

- befindet sich die Breitenskala am linken und rechten Rand der Karte,
- befindet sich die Längenskala am oberen und unteren Rand der Karte.

Die einzelnen Minuten sind je nach Kartenmaßstab unterteilt, und nur durch Abzählen lässt sich der Wert der kleinen Unterteilungen ermitteln (Abb. 12).

Breite und Länge (eines Objekts) aus der Karte entnehmen

Das geht ganz einfach mit Hilfe eines Zirkels. Traditionelle Zirkel sind aus Messing gefertigt und so geformt, dass sie mit einer Hand benutzt werden können, damit man auch bei schwerer See damit arbeiten kann. Hoffentlich ist das nicht allzu oft erforderlich!

Zum Messen platziert man die eine Zirkelspitze auf dem Objekt und die andere auf dem nächsten Breitenkreis und legt den geöffneten Zirkel anschließend an der Breitenskala auf der rechten oder linken Kartenseite an. Dort muss man die Teilung sorgfältig abzählen, weil die Skala von Karte zu Karte unterschiedlich aufgebaut sein kann. Auf die gleiche Weise ermittelt man nun die Länge mit Hilfe der Skala am oberen oder

■ Zirkel

Zirkel wie gezeigt in die Hand nehmen

Spitzen durch Druck auf die Rundungen öffnen

Zirkelspitzen durch Druck auf die geraden Teile schließen

■ Breite und Länge eines Punkts auf der Karte bestimmen

1. Abstand zwischen Objekt und dem nächsten Breitenkreis, in diesem Fall 50°15', in den Zirkel nehmen.

2. Zirkel an der Breitenskala ansetzen und genaue Breite ablesen, hier 50°15,9' N.

3. Anschließend Abstand zwischen Objekt und dem nächsten Längenkreis, in diesem Fall 004°40', in den Zirkel nehmen.

4. Zirkel an der Längenskala ansetzen und genaue Länge ablesen, hier 004°39,1' W.

unteren Kartenrand; bei der so ermittelten Position muss man daran denken, dass der Breitengrad immer zuerst angegeben wird (siehe Bildfolge oben).

Entfernungen
aus der Karte entnehmen

Der Zirkel wird auch dazu verwendet, die Entfernung zwischen zwei Punkten auf der Karte zu messen. Dazu benutzt man die **Breitenskala**, keinesfalls die Längenskala. Auch wenn die einzelnen Breitengrade und –minuten auf der Skala je nach Kartenmaßstab unterschiedliche Größen aufweisen, bleibt eine Tatsache unveränderlich bestehen:

> 1 Breitenminute = 1 Seemeile
> 1' Breite = 1 sm

Um also die Entfernung zu bestimmen, platziert man die beiden Zirkelspitzen auf die betreffenden Punkte und ermittelt die Distanz anhand der Breitenskala (siehe Bildfolge gegenüber).

Diese simple Skala ist wegen der Verzerrung zwischen der dreidimensionalen Erdkugel und einer zweidimensionalen Karte keineswegs perfekt. Die Kartografen versuchen das mittels verschiedener Projektionen auszugleichen, so dass es bei Karten, die ein sehr großes

POSITIONSANGABEN

■ Entfernungen aus der Karte entnehmen

1. Abmessen einer Entfernung aus der Karte, hier von der Tonne bis zum Kreis (Schiffsort)

2. Start- und Zielpunkt in den Zirkel nehmen.

Gebiet abdecken, durchaus vorkommen kann, dass man zu unterschiedlichen Ergebnissen kommt, wenn man eine Seemeile im Norden und eine Seemeile im Süden abmisst. Das erscheint ein wenig irreal, ist in der Praxis aber nicht so schlimm. Man muss eben **immer den Teil der Breitenskala benutzen**, der der zu bestimmenden Strecke **am nächsten** liegt. Damit umgeht man das Problem und macht sich die Sache außerdem einfacher.

Um bei größeren Entfernungen schnell zu einem ungefähren Ergebnis zu kommen, nimmt man an der Breitenskala eine geeignete Distanz, etwa fünf oder zehn Seemeilen, in den Zirkel und führt diesen dann in Einzelschritten vom Start- zum Endpunkt (Abb. 13).

3. Distanz mit dem Zirkel auf die Breitenskala übertragen und ablesen (1' = 1 sm); hier sind es 4 sm.

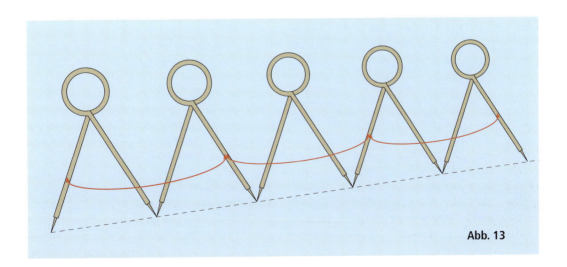

Abb. 13

■ Positionsangaben: 2
Entfernung und Peilung

Breite und Länge sind nicht die einzige Art und Weise, eine Position anzugeben, und stellen in der Realität vielleicht nicht einmal die beste Möglichkeit dar. Breiten- und Längenangaben können sehr genau und leicht zu ermitteln sein, und zwar besonders, wenn man über ein elektronisches Navigationssystem wie GPS verfügt, aber sie sind für den Empfänger der Information nicht sehr »benutzerfreundlich«.

Wenn ich beispielsweise einer Gruppe von Bekannten mitteilte, dass ich etwa bei 52° 03,5' N 001° 09,5' E wohne, dürfte sich kaum jemand vorstellen können, wo das ist. Wenn ich hingegen sagte, »ich wohne etwa 110 km nordöstlich von London«, kann sich das jeder sofort vorstellen. Bei Ortsansässigen kann ich sogar auf bekannte Landmarken zurückgreifen. In diesem Fall sage ich meistens: »Ich wohne in der Straße zur Kneipe, etwa 400 m von hier.«

Diese Art der Positionsangabe findet auch auf See Verwendung; man spricht dann von **Entfernung und Peilung**. Wer eine solche Angabe bekommt, versteht sie problemlos und kann sie einfach in die Karte einzeichnen. Man beginnt an dem bekannten Ort und zeichnet eine Linie in der angegebenen Richtung über die angegebene Entfernung (es heißt zwar »Entfernung und Peilung«, aber die Richtung oder **Peilung von dem angegebenen Ort** wird immer zuerst genannt).

Zur Angabe der Richtung wird nicht mehr der traditionelle 32-Strich-Kompass mit Angaben wie »Nord bei Nordnordwest« verwendet, sondern die 360 Grad eines Kreises. Solche Kreise finden sich auf der Karte in Verbindung mit den meist mehrfach vorhandenen Kompassrosen.

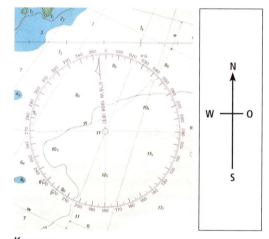

Kompassrose

Ich wohne etwa 110 km nordöstlich von London.

Es ist wichtig, ein Gefühl für diese Richtungen zu entwickeln, damit das Zeichnen und Abmessen von Linien auf der Karte einfacher wird. Nord wird beispielsweise als 000° bezeichnet und Süd als 180°. Die Angabe erfolgt immer mit drei Ziffern, d.h., aus Ost wird 090°, und die 0 wird als „null" mitgesprochen. Wenn man mit dem Lineal eine Linie zieht, kann diese natürlich in zwei Richtungen verlaufen, nach oben wie nach unten. Da dabei am ehesten der Fehler passiert, dass die Linie in der umgekehrten Richtung gezogen wird, sollte man die Richtung immer anhand der Kompassrose überprüfen, bis man ein sicheres Gespür für die Richtung entwickelt hat.

POSITIONSANGABEN

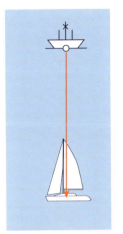

Aus dem eben Gesagten ergibt sich für die Position eines Bootes zwei Seemeilen südlich des gesunkenen Feuerschiffs vor Harwich »180° von gesunkenem Feuerschiff, 2 sm«.

Zum Bestimmen der Richtung aus der Karte gibt es verschiedene Instrumente. Auf Schiffen wurde traditionell ein **Parallellineal** benutzt.

Bei einem solchen Lineal legt man die obere oder die untere Kante in der zu bestimmenden Richtung an und verschiebt es dann vorsichtig bis zur nächsten Kompassrose (siehe Bildfolge unten). Wenn eine Kante durch die Mitte der Kompassrose verläuft, liest man das Ergebnis am Außenrand der Rose ab. Wenn das Lineal verrutscht, muss man wieder von vorn anfangen.

Der Umgang mit einem Parallellineal erfordert nur etwas Übung, kann aber auf einem kleinen Kartentisch sehr umständlich sein, wenn zum Verschieben auf der Karte nicht genügend Platz vorhanden ist.

Abb. 14;
Auf Position 180° von
gesunkenem Feuerschiff, 2 sm.

■ Messen der Peilung A-B mit einem Parallellineal

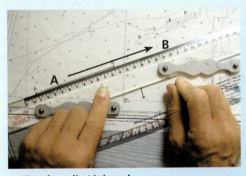

1. Lineal an die Linie anlegen

2. Lineal zur Kompassrose verschieben

3.

4. Winkel ablesen, hier 70°.

HOPKINSON • NAVIGATION FÜR EINSTEIGER

Die beste Navigationshilfe, die ich je gesehen habe und uneingeschränkt empfehlen kann, ist ein nautisches Kurslineal, auch unter der Bezeichnung **Breton-Plotter** bekannt. Der Breton-Plotter hat eine drehbare Gradscheibe, so dass er nicht bis zur Kompassrose über die Karte verschoben werden muss. Das vereinfacht die Arbeit auf einem kleinen Kartentisch.

Mit dem Kurslineal arbeiten

Das Kurslineal bietet zwei Einsatzmöglichkeiten:
▶ Bestimmen der Richtung zwischen zwei Punkten auf der Karte
▶ Einzeichnen einer Linie in einer frei gewählten Richtung

■ Peilungen aus der Karte entnehmen

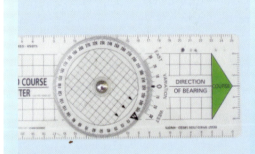

Nautisches Kurslineal oder »Breton-Plotter«

1. Kante des Lineals an der (gedachten) Verbindungslinie zwischen A und B anlegen. Dabei darauf achten, dass der große Pfeil auf dem Lineal in die zu bestimmende Richtung weist.

2. Gradscheibe so drehen, dass das N nach Norden zeigt und die Gitterlinien auf der Scheibe mit einem Breiten- oder Längenkreis auf der darunter liegenden Karte übereinstimmen.

3. Ergebnis an der Stelle ablesen, an der die Mittellinie des Lineals auf die Gradscheibe trifft (in diesem Fall 042°). Ergebnis anhand der Kompassrose auf Stimmigkeit überprüfen. Die Frage lautet: »Kommt das ungefähr hin?« Und diese Frage muss man sich bei allen Messungen und Berechnungen stellen.

POSITIONSANGABEN

■ Linien in die Karte einzeichnen

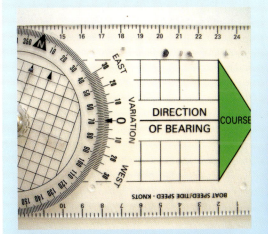

1. Gradscheibe so drehen, dass der Richtungswinkel an der Mittellinie des Lineals anliegt (z.B. 070°).

2. Bleistiftspitze auf den Anfangspunkt der Linie auf der Karte setzen und das Lineal an der Spitze anlegen.

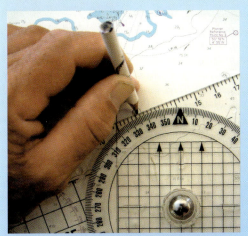

3. Lineal (um die Bleistiftspitze) drehen, bis das N auf der Gradscheibe nach Norden zeigt und die Gitterlinien auf der Scheibe mit einem Breiten- oder Längenkreis auf der darunter liegenden Karte übereinstimmen.

4. Linie in Richtung des großen Pfeils auf dem Lineal ziehen. Linie anhand der Kompassrose auf Stimmigkeit überprüfen. Zur Erinnerung: Am ehesten passiert der Fehler, dass die Linie genau in der entgegengesetzten Richtung gezogen wird.

Positionsbestimmung

Positionsbestimmung: 1
GPS

Kommen wir nun zur richtigen Navigation, nämlich zur **Positionsbestimmung**, und zum ersten in der Seefahrt verwendeten Zeichensymbol.

Eine eingezeichnete Position wird durch einen Kreis und die Zeit gekennzeichnet.

Jederzeit die Position des Bootes zu kennen, ist in der dreidimensionalen Welt der See (über)lebenswichtig. Leider ist das dort nicht so einfach wie an Land. Auf See gibt es nur wenige Orientierungspunkte und niemanden, den man fragen kann, wenn man die Orientierung verloren hat; dazu kommen weitere Probleme. Zum Glück stehen aber hilfreiche Instrumente zur Verfügung. Wenn das Boot Fahrt macht, zeigt der **Steuerkompass** die Richtung, in die es geht, und die **Logge** misst die zurückgelegte Entfernung, aber zusätzlich wirken unsichtbare Kräfte auf das Boot ein.

▶ Der **Wind** drückt das Boot zur Seite und verursacht **Abdrift**. Die Abdrift hat je nach Bootsform mehr oder weniger starke Auswirkungen, nimmt mit der Windstärke zu und variiert mit dem Verhältnis zwischen Windrichtung und Steuerkurs. Sie ist schwer zu messen und muss anhand der jeweils herrschenden Umstände und des Bootstyps geschätzt werden.

▶ Auch das Wasser insgesamt kann in Bewegung sein, weil **Gezeitenstrom** vorhanden ist. Darunter versteht man die **horizontale Bewegung** des Wassers durch Ebbe und Flut. Davon sind alle Wasserfahrzeuge und frei schwimmenden Objekte betroffen, weil es das Wasser selbst ist, das sich bewegt. Gezeitenströme können die Fahrt des Bootes beschleunigen oder verlangsamen und das Boot von dem Kurs abbringen, den der Rudergänger steuert. Das wird an der Logge nicht angezeigt und muss berechnet werden.

Deshalb ist es wichtig, regelmäßig die Position zu überprüfen und **die Daten in das Logbuch einzutragen**.

Es gibt viele Möglichkeiten, die Position zu überprüfen, einige schneller, einige zuverlässiger als andere, so dass man am besten nach mehreren Methoden vorgeht, um nicht alles auf eine Karte zu setzen. Man darf niemals einfach davon ausgehen, dass eine Positionsbestimmung korrekt ist, sondern muss immer nach einer Bestätigung suchen und sich unter Anwendung des gesunden Menschenverstands fragen:

▶ Passt das zu dem, was ich sehe, und zur letzten bekannten Position?

Man sollte aber auch nicht annehmen, dass ein Fehler vorliegt, sondern generell jede Annahme vermeiden! Außerdem muss man berücksichtigen, dass man gar nicht mehr an dem ermittelten Standort ist, bis man die Position in die Karte eingezeichnet hat. Selbst bei nur sechs Knoten Fahrt legt das Boot schließlich in zehn Minuten eine Seemeile zurück.

Eine der größten Veränderungen in der Navigation kam in den vergangenen Jahren mit der Einführung elektronischer Positionsbestimmungssysteme, die mit immer größerer Genauigkeit arbeiteten. Zuerst Decca und Loran und schließlich das GPS haben das Navigieren stark vereinfacht. Das GPS kann den Schiffsort bestimmen und automatisch alle paar Sekunden aktualisieren.

GPS (Global Positioning System)

GPS-Empfänger nutzen die Daten mehrerer Satelliten, um ihre Position zu berechnen. Sie liefern bemerkenswert genaue Ergebnisse, sind billig und funktionieren weltweit.

POSITIONSBESTIMMUNG

Die Geräte benötigen eine Antenne, die »Sichtverbindung zum Himmel« hat, d.h., viele Handempfänger funktionieren nicht unter Deck. Bei fest eingebauten Geräten sollte die Antenne möglichst niedrig an Deck montiert sein, weil dann die besten Resultate zu erwarten sind; außerdem darf man nicht vergessen, am Empfänger das passende Kartenbezugssystem einzustellen.

Die meisten GPS-Empfänger zeigen die Position in Form von Breite und Länge an – teilweise auf drei Stellen hinter dem Komma, was aber leicht irreführend sein dürfte. Die Genauigkeit des GPS liegt nämlich zu 95 Prozent der Zeit in einem Umkreis von 5 m. Manche Empfänger zeigen die Position auf einem Kartenplotter oder Computer an oder ermöglichen die Übertragung an andere Geräte wie Radar oder VHF/DSC-Funkgeräte.

Wenn der GPS-Empfänger einmal die Position berechnet hat, kann er daraus weitere nützliche Informationen ableiten, aber um all diese zusätzlichen Funktionen zu nutzen, muss man sich erst einmal in die Bedienungsanleitung vertiefen. Bei allen Informationen, die der Empfänger liefern kann, muss man immer daran denken, dass das GPS vom Wesen her ein **Positionsbestimmungssystem** ist und nichts über Wassertiefen oder Gezeitenströme weiß. In der Realität sieht es so aus, dass die meisten Boote, die auf Sandbänken stranden oder auf Felsen auflaufen, wahrscheinlich mit GPS ausgerüstet sind!

Der GPS kann die Position auf verschiedene Art und Weise anzeigen, beispielsweise als

▶ Breite und Länge
▶ Bezug auf einen Wegpunkt

Dadurch ergeben sich keine unterschiedlichen Positionen. Die beiden Angaben können nicht nacheinander zur Prüfung verwendet werden, ob die Position stimmt.

Sie bilden nur ein und dieselbe Information auf andere Weise ab. Das GPS kann sich nicht selbst überprüfen: Um zu einer tauglichen Positionsüberprüfung zu gelangen, müssten neue Daten aus einer anderen Quelle hinzukommen. Die Wahl der Anzeige ist eine Sache des persönlichen Geschmacks und der Übertragung der Daten auf die Karte. Die Positionsanzeige mit Bezug auf einen Wegpunkt macht das Plotten oft viel schneller und einfacher als die Arbeit mit Länge und Breite.

Einzeichnen der Position aus Länge und Breite

Breite und Länge von der GPS-Anzeige können mit dem Zirkel oder dem Kurslineal auf die Karte übertragen werden.

1. Kurslineal unter genauer Beachtung der Zehnerteilung an der Breitenskala ansetzen und parallel zum nächsten Breitenkreis ausrichten. Auf etwa dem richtigen Längengrad einen kurzen Strich ziehen.

2. Auf gleiche Weise die Länge markieren.

Wenn das Kurslineal nicht lang genug ist, kann man Länge und Breite auch mit dem Zirkel abstecken.

Wenn die Karte auf einem kleinen Kartentisch gefaltet werden muss, so dass Breiten- und Längenskala nicht sichtbar sind, ist das Einzeichnen der Position mit Bezug auf einen Wegpunkt möglicherweise einfacher.

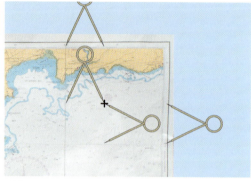

Abb. 15

Was ist denn ein Wegpunkt?

Ein Wegpunkt ist eine Navigationsmarke oder ein Punkt auf der Karte, der vom Navigator festgelegt wird. Breite und Länge des Wegpunkts werden in den GPS-Empfänger eingegeben, der dann unter ständiger Aktualisierung die **Richtung** und die **Entfernung** zum Wegpunkt anzeigt.

Hinter dieser Funktion stand ursprünglich die Idee, dass Wegpunkte auf einer Route gewählt und während des Törns angezeigt werden können. Natürlich kann man den Hinweisen nicht blind folgen, weil das GPS keinerlei Daten über Wind und Gezeitenströme liefert. Trotzdem kann die Routenfunktion extrem nützlich sein, obgleich es durch genau diese Funktion schon zu Unfällen gekommen ist, wenn beispielsweise

▶ ein unsicherer Wegpunkt gewählt wurde, bei dem der Kurs durch Untiefen oder über Unterwasserfelsen führte,
▶ Breite und Länge des Wegpunkts falsch eingegeben wurde,

▶ eine Tonne als Wegpunkt gewählt und zu spät erkannt wurde, so dass es zur Kollision kam,
▶ viele Skipper denselben Wegpunkt gewählt hatten,
▶ Der Skipper die Daten nicht ins Logbuch eingetragen hatte und dann das Gerät ausfiel,
▶ der Skipper dem GPS-Gerät blind vertraut und seine Position nicht überprüft hatte,
▶ der GPS-Empfänger nicht auf dasselbe Bezugssystem wie die Karte eingestellt war,
▶ Gezeitenströme und Abdrift nicht berücksichtigt worden waren.

GPS ist eine großartige Sache, aber mit Vorsicht zu genießen.

Ein Wegpunkt wird in der Karte mit einem Kreuz und einem Kästchen eingezeichnet.

Einzeichnen der Position mit Bezug auf einen Wegpunkt

Das Einzeichnen von Positionen mithilfe eines Wegpunkts ist schneller und einfacher als unter Verwendung von Breite und Länge (siehe Bildfolge auf S. 26). Der Wegpunkt braucht kein Ort auf der Route, keine Tonne und überhaupt kein reales Objekt zu sein. Es kann sich dabei um eine beliebige Stelle auf der Karte handeln, die problemlos auszumachen ist:

▶ Der Mittelpunkt der Kompassrose bietet sich an, weil dort die Gradzahlen vorhanden sind (siehe Bildfolge auf S. 25).
▶ Der Schnittpunkt eines Breiten- und eines Längenkreises lässt sich schnell in den GPS-Empfänger eingeben.
▶ Auch Tonnen oder andere Kartensymbole sind dafür geeignet.

Man darf aber nie vergessen, dass das GPS-Gerät immer **Richtung und Entfernung zum Wegpunkt** anzeigt, weil *es glaubt, dass dort das Ziel liegt!*

POSITIONSBESTIMMUNG

■ Plotten mit der Kompassrose als Wegpunkt

1. Hier ist die Richtung zum Wegpunkt 240° und die Entfernung 3,6 sm. Der Wegpunkt liegt im Mittelpunkt der Kompassrose.

2. Kurslineal an Mittelpunkt der Kompassrose und 240°-Marke am äußeren Rand anlegen.

3. Eine kurze Linie in Richtung Mittelpunkt der Kompassrose einzeichnen.

4. Zirkel auf die angezeigte Entfernung einstellen, hier 3,6 sm.

5. Diese Entfernung vom Mittelpunkt aus abstecken.

6. Position markieren, mit einem Kreis umgeben und die Uhrzeit hinzusetzen; ein Pfeil zeigt in Richtung Wegpunkt. Einzeichnen einer Position mit Bezug auf einen Wegpunkt

■ Einzeichnen einer Position mit Bezug auf einen

1. Hier ist die Richtung zum Wegpunkt 30° und die Entfernung 2,4 sm. Der Wegpunkt wurde von Skipper gewählt.

2. Am Kurslineal durch Drehen der Gradscheibe die Richtung zum Wegpunkt einstellen, hier 30°.

3. Bleistift auf den Wegpunkt setzen und das Lineal an der Spitze ansetzen. Lineal (um die Bleistiftspitze) drehen, bis das N auf der Gradscheibe nach Norden zeigt und die Gitterlinien auf der Scheibe mit einem Breiten- oder Längenkreis auf der darunter liegenden Karte übereinstimmen.

4. Eine kurze Linie ziehen.

5. Entfernung zum Wegpunkt messen, hier 2,4 sm.

6. Position markieren, mit einem Kreis umgeben und die Uhrzeit hinzusetzen; ein Pfeil zeigt in Richtung Wegpunkt.

Zeit

POSITIONSBESTIMMUNG

Positionsbestimmung: 2
Ein Besteck

Auf See verbringt man oft viel Zeit am Kartentisch, um den Schiffsort zu berechnen, und verpasst dabei so manche Gelegenheit, die Position optisch zu überprüfen. Das gilt insbesondere für die Küstennavigation.

Eine Positionsbestimmung ohne GPS erfolgt durch **Beobachtung**.
- Wenn das Boot eine Tonne in unmittelbarer Nähe passiert, hat man damit schon eine genaue **Standortbestimmung** (nun ja, ziemlich genau, weil jede Tonne an der Ankerkette leicht vertreibt).
- Wenn eine Tonne oder, besser noch, ein Objekt an Land eindeutig zu identifizieren ist, kann man mit dem Handpeilkompass eine **Peilung** vornehmen. Durch Übertragen dieser Peilung in die Karte ergibt sich eine so genannte Standlinie, auf der sich das Boot irgendwo befindet. Eine einzelne Standlinie reicht natürlich für die Positionsbestimmung nicht aus. Zwei Peilungen ergeben ein Kreuz, weil sich die beiden Linien ja irgendwo schneiden müssen, wenn sie nicht parallel verlaufen, d.h., man braucht drei Peilungen, um den genauen Schiffsort zu bestimmen. Das bezeichnet man dann als wahres oder beobachtetes Besteck.

Wenn zwei Objekte, die eindeutig zu identifizieren und in der Karte verzeichnet sind, in Linie kommen, liegt eine Deckpeilung vor, die man als Standlinie in die Karte einzeichnen kann, ohne peilen zu müssen. Da aber auch hier eine Standlinie nicht ausreicht, muss noch eine Peilung vorgenommen werden, um ein Besteck zu erhalten. In diesem Fall kann man mit nur zwei Standlinien arbeiten, weil die Deckpeilung so genau ist.

Standortbestimmung aus drei Peilungen

1 Karte und Umgebung auf geeignete Objekte prüfen, d.h.:
- Objekte, die eindeutig zu identifizieren sind
- Objekte, die mehr als 30° auseinanderliegen, so dass sich die Standlinien in nicht zu spitzem Winkel schneiden
- Objekte, die nicht genau 180° auseinanderliegen, damit die Standlinien nicht parallel verlaufen und sich gar nicht schneiden
- Objekte, die nicht zu weit entfernt sind, weil die Ungenauigkeit umso größer wird, je länger die Standlinien sind
- Objekte an Land eignen sich am besten, weil sie ihre Lage nicht verändern
2 Die drei Peilungen möglichst schnell hintereinander vornehmen, aber immer warten, bis sich die Kompassrose eingependelt hat.
3 Peilung über die Seite des Bootes als letzte nehmen, weil sich der Wert dort am schnellsten ändert.

Der Handkompass
Kompass in Augenhöhe halten und über die Kompassrose auf das zu peilende Objekt blicken. Kompassrose vor dem Ablesen der Peilung zur Ruhe kommen lassen.

4 Nach dem Aufschreiben der Peilungen die **Zeit** und die **Anzeige der Logge** notieren, um einen Anhaltspunkt dafür zu haben, wie weit sich das Boot inzwischen vorwärts bewegt hat. Manchmal kann es auch ganz nützlich sein, die Anzeige des Echolots zu notieren.

Aber…
… bevor diese Peilungen als Standlinien in die Karte eingezeichnet werden können, gilt es leider noch ein kleines Problem zu lösen.

Abb. 16

Missweisung

Die Missweisung geht auf die Funktionsweise des Kompass' zurück. Kleine Yachten sind meistens mit einem Magnetkompass ausgerüstet, der auf das Magnetfeld der Erde reagiert. Er zeigt also auf magnetisch Nord und nicht auf rechtweisend oder geografisch Nord, und das sind zwei verschiedene Punkte auf der Erdoberfläche. Der geografische Nordpol bildet das eine Ende der Erdachse (das ist die Stelle, an der die Drehachse aus einem Globus herausragt und an der alle Längenkreise zusammentreffen), während der magnetische Nordpol in Nordkanada liegt.

Die Missweisung
▶ ist der Winkelunterschied zwischen rechtweisend und magnetisch Nord in Grad,
▶ schwankt weltweit von Ort zu Ort,
▶ kann je nach Standort östlich oder westlich sein,
▶ beeinflusst sowohl Steuer- als auch Handpeilkompasse,
▶ wirkt sich auf alle Kompasse in den betreffenden Gebiet gleich aus – es hat also keinen Zweck, einen neuen zu kaufen,
▶ ändert sich im Verlauf der Zeit ganz langsam,
▶ ist auf der Karte in den Kompassrosen vermerkt.

Wenn in der Kompassrose beispielsweise »3° 10′ W (2000) (7′ E)« steht, bedeutet das, dass die Missweisung bei Drucklegung der Karte 3° 10′ W betrug. Dieser Wert würde bei allen Berechnungen auf das nächste Grad, hier also 3°W, gerundet (siehe Abb. 16). Das (7′E) heißt, dass sich die Missweisung jedes Jahr um sieben Minuten ändert. Da sechzig Minuten ein Grad ergeben, dauert es über acht Jahre, bis sich die Missweisung um ein ganzes Grad geändert hat. Von einer Seite der Karte zur anderen kann die Missweisung durchaus um einige Minuten differieren.

Berechnung der genauen Missweisung an diesem Ort:
▶ 7′ mit der Anzahl der Jahre seit 2000 multiplizieren, das Ergebnis zur Missweisung für 2000 addieren oder davon subtrahieren. Anschließend auf die nächste ganze Gradzahl runden.

Für 2005 bedeutet das 7′ x 5 = 35′ **E**.
3° 10′ W - 35′ **E** = 2° 35′ W, gerundet auf 3° **W**

In diesem Beispiel beträgt die Änderung 7′ nach Osten und **unterscheidet** sich damit von der westlichen Missweisung der Karte; deshalb wird sie **subtrahiert**. Wenn die Himmelsrichtung **gleich** ist, muss man **addieren**.

Jede Kompasspeilung muss vor dem Übertragen in die Karte um die Missweisung berichtigt werden, weil das Kartennord immer rechtweisend ist.

Je nachdem, ob die Missweisung in dem betreffenden Gebiet östlich oder westlich ist, wird sie zur Kompasspeilung addiert oder von ihr subtrahiert.

Um die **Magnetpeilung** von einem Kompass in eine **rechtweisende Standlinie** auf der Karte umzuwandeln,

▶ zieht man eine westliche Missweisung ab und
▶ addiert eine östliche Missweisung.

POSITIONSBESTIMMUNG

Es kursiert der eine oder andere Reim, der als Erinnerungshilfe dienen kann, ob man nun addieren oder subtrahieren muss. Notfalls schreibt man einen solchen Reim oben und unten auf die Karte oder klebt einen entsprechenden Notizzettel an den Kartentisch. Am wichtigsten ist aber, dass man sich mit der Missweisung in seinem Stammrevier vertraut macht. So reicht beispielsweise die Missweisung vor den deutschen Küsten von ca. 3° E in der Ostsee bis ca. 1° W in der Nordsee.

Ich benutze folgendes als Gedächtnisstütze:

KorEa für **Ko**mpass nach **r**echtweisend **E a**ddieren
+E also -W

Bei westlicher Missweisung geht es genau andersherum.

Einzeichnen einer Kreuzpeilung mit drei Objekten:

▶ Magnetpeilungen in rechtweisend umwandeln
▶ Gradscheibe am Kurslineal auf die rechtweisende Peilung einstellen
▶ Bleistiftspitze auf das gepeilte Objekt setzen und Kurslineal so anlegen, dass der Pfeil zum Objekt zeigt und das N auf der Gradscheibe nach Norden weist
▶ Lineal (um die Bleistiftspitze) drehen, bis die Gitterlinien auf der Gradscheibe mit einem Breiten- oder Längenkreis auf der darunter liegenden Karte übereinstimmen
▶ Standlinie an etwa der richtigen Stelle einzeichnen, und zwar nicht auf ganzer Länge, weil die Karte sonst zu unübersichtlich wird
▶ Übrige Standlinien einzeichnen
▶ Alle Standlinien mit einem Pfeil markieren, der vom zugehörigen Objekt wegzeigt, und die ermittelte Position mit einem Kreis umgeben

■ Einzeichnen einer Kreuzpeilung mit drei Objekten

1. Standlinie zur Landspitze ziehen

2. Als nächstes Standlinie zum Westende des Wellenbrechers ziehen

3. Zum Schluss Standlinie zum letzten Objekt ziehen

4. Das resultierende Dreieck

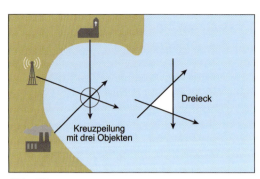

Abb. 17

Einzeichnen einer Deckpeilung

Zwei Objekte in Linie ergeben eine Deckpeilung, die direkt in die Karte eingezeichnet werden kann. Keine Rechnerei, einfach nur einzeichnen, was zu sehen ist. Mit einer zusätzlichen Peilung, berichtigt um die Missweisung, hat man ein wahres Besteck (Abb. 18). Schnell und genau.

▶ Zeit neben die Position schreiben, und zwar die Zeit, **zu der die Peilungen genommen** wurden, denn das ist die Zeit, zu der man an dieser Stelle war, und nicht die Zeit, zu der das Besteck in die Karte übertragen wurde.

Das Ergebnis ist wahrscheinlich nicht perfekt. Normalerweise ergeben die Standlinien ein kleines Dreieck. Das liegt unter anderem daran, dass das Boot während der Peilungen Fahrt gemacht hat und möglicherweise auch vertikale Bewegungen. Wenn das Dreieck sehr groß ist, wird eine Überprüfung fällig. Oft liegt das daran, dass man vergessen hat, von magnetisch in rechtweisend umzuwandeln.

■ Besteck aus Deckpeilung

1. Wellenbrecher und Tonne in Linie ergeben eine Deckpeilung

2. Standlinie mit Peilung zur Landspitze ziehen...

3. ...und fertig ist das Besteck; zum Schluss Linien mit einem Pfeil versehen.

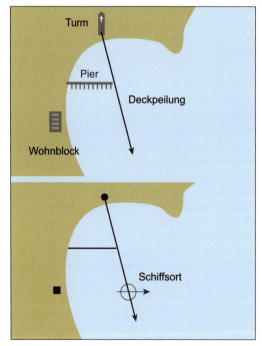

Abb. 18

POSITIONSBESTIMMUNG

■ Positionsbestimmung: 3
Ein gegisster Schiffsort

Wenn kein Land in Sicht ist, kann die Positionsbestimmung insbesondere ohne GPS weitaus schwieriger sein, weil man den Schiffsort aus Instrumentenanzeigen und Aufzeichnungen ableiten muss; dazu benötigt man

- einen Steuerkompass, um den Kurs des Bootes zu bestimmen,
- eine Logge, um die zurückgelegte Entfernung zu messen, und
- ein Logbuch, in das diese Angaben in regelmäßigen Abständen eingetragen werden.

In der Frühzeit der Seefahrt waren die Messungen grob und ungenau, aber auch die heutigen, modernen Instrumente müssen noch auf ihre Genauigkeit überprüft werden. Der **Kompass** kann ungenaue Werte anzeigen, weil magnetische Felder auf dem Boot zur so genannten **Deviation** führen. Drähte, Mobiltelefone, Lautsprecher, Batterien, Handsignalpatronen, Motor und sogar Kiel können den Kompass ablenken, wenn sie nicht weit genug entfernt sind. Die **Logge** zeigt möglicherweise zu wenig oder gar nichts an, wenn der Impeller sich nicht frei drehen kann. Eine zu niedrige Fahrtanzeige ist besonders gefährlich, weil das Boot dadurch auf eine Gefahrenstelle auflaufen kann, die man noch gar nicht in der Nähe wähnt. Eine Logge zeigt oft zwei Werte an, nämlich einmal die Fahrt durchs Wasser und zum anderen die zurückgelegte Gesamtstrecke. Meistens gibt es außerdem noch die Möglichkeit, den »Kilometerzähler« zu Beginn eines jeden Törnabschnitts auf Null zu setzen.

Durch Einzeichnen von gesteuertem **Kurs** und zurückgelegter **Strecke** erhält man eine ungefähre Position, die als **gegisstes Besteck** oder auch Koppelort bezeichnet wird.
Natürlich ist eine solche einfache Positionsbestimmung von der Genauigkeit her absolut nicht mit einer GPS-Standortbestimmung oder einer Kreuzpeilung mit drei Objekten zu vergleichen, weil dabei nicht berücksichtigt wird, dass

- Gezeitenströme das Boot vorwärts, rückwärts oder seitwärts versetzen können und

- windbedingte Abdrift zu einer seitlichen Versetzung führen kann.

Aber sie ist allemal besser als gar nichts und lässt sich verbessern, indem man Gezeitenströme und Abdrift berücksichtigt oder bei der nächsten Gelegenheit den Schiffsort mit einer anderen Methode bestimmt.

Das Logbuch

Das Logbuch ist ein äußerst wichtiger Nachweis der nautischen Details eines Törns. Gesteuerter Kurs, Kursänderungen, Loggenanzeigen und mit GPS ermittelte Schiffsorte – all das **muss** festgehalten werden. Viele Skipper notieren außerdem Angaben zu Windstärke und -richtung, Tiefenanzeigen auf dem Echolot, Barometerwerten, Maschinendaten und sogar Vorgängen wie Wachwechseln, Segelwechseln oder Delfinsichtungen. Ein altes Notebook tut hier gute Dienste, aber es gibt auch Logbücher in Papierform für die verschiedensten Bootstypen. Letztere bieten den Vorteil, dass die Rubriken für die wichtigen und nützlichen Details bereits vorgegeben sind.

Aus *Logbook for Cruising under Sail*

33

Einzeichnen einer gekoppelten Position

- Den vom Rudergänger gesteuerten Magnetkurs in rechtweisend umwandeln
- Rechtweisenden Kurs am Kurslineal einstellen
- Bleistift auf die letzte bekannte Position setzen und das Lineal anlegen
- Lineal (um die Bleistiftspitze) drehen, bis das N auf der Gradscheibe nach Norden zeigt und die Gitterlinien auf der Scheibe mit einem Breiten- oder Längenkreis auf der darunter liegenden Karte übereinstimmen.
- Linie in Richtung des Pfeils auf dem Kurslineal ziehen und mit **einer Pfeilspitze** kennzeichnen
- Zurückgelegte Strecke anhand der Logge berechnen und auf die Linie übertragen
- Position mit einem Strich markieren und die Zeit daneben schreiben

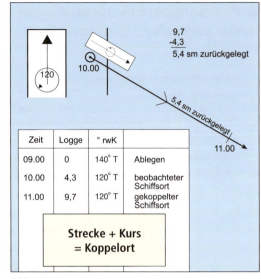

Abb. 19

So einfach ist das. Mit einer späteren Kreuzpeilung oder Positionsbestimmung mittels GPS erhält man dann wieder einen genaueren Schiffsort. Keinesfalls sollte man mit zu vielen Koppelorten nacheinander arbeiten, da die Abweichungen vom wahren Schiffsort dann kumulieren.

■ Einzeichnen eines Koppelorts

1. Rechtweisenden Kurs am Kurslineal einstellen

2. Kurslineal an der letzten bekannten Position ansetzen und auf der Karte ausrichten

3. Steuerkurs seit der letzten Position einzeichnen

4. Anhand der Logge die zurückgelegte Strecke berechnen. Zirkel an der Breitenskala auf diese Strecke einstellen

5. Strecke auf der Linie für den Steuerkurs abstecken

6. Position mit einem Strich markieren. Zeit daneben schreiben.

POSITIONSBESTIMMUNG

Bei Kursänderungen sind folgende Eintragungen im Logbuch vorzunehmen:
▶ Neuer Kurs
▶ Zeit
▶ Loggenanzeige zur Berechnung der Fahrtstrecke seit der letzten Position

Es ist guter Brauch, die Einträge im Logbuch im Abstand von ein oder zwei Stunden und bei jedem Kurswechsel zu ergänzen und gleichzeitig den jeweiligen Schiffsort in die Karte einzuzeichnen.

Was bedeutet denn Abdrift?

Abdrift ist die seitliche Versetzung des Bootes durch die Windwirkung. Sie wird ausgedrückt als Gradzahl, um die das Boot vom vorgesehenen Kurs abkommt, also vielleicht 5°, 10° oder mehr. Abdrift ist nur schwer zu messen, und Tabellen zum Nachschlagen gibt es auch nicht.

Zeit	Logge	° rwK	
09.00	0	140°	
10.00	4,3	120°	beobachteter Schiffsort
11.00	9,7	120°	gekoppelter Schiffsort
11.30	12,6	120°	Kursänderung auf 100°
12.30	18,2	100°	gekoppelter Schiffsort

Sie ist abhängig von
▶ der Form des Bootes unterhalb der Wasserlinie – ein langer Kiel verringert die Seitwärtsbewegung
▶ der Form des Bootes oberhalb der Wasserlinie – je höher die Aufbauten, desto größer die Abdrift
▶ der Fahrt des Bootes durchs Wasser – höhere Fahrt verringert die Abdrift
▶ dem Kurs des Bootes zum Wind
▶ und bei Segelyachten …
▶ …davon, wie gut sie gesegelt werden!

Der Skipper muss das Ausmaß der Abdrift schätzen und in seine Berechnungen einbeziehen, **bevor er den Kurs**

Abb. 20

Diese Dehler 37 macht gute Fahrt voraus. Sie wird durch Abdrift aber auch in Richtung Kamera versetzt.

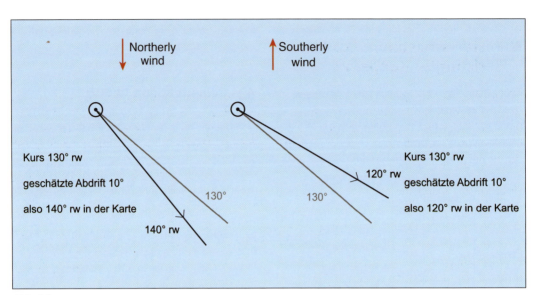

Abb. 21

in die Karte einzeichnet. Man sagt, dass ein Blick auf das Kielwasser – d.h., Beobachten oder sogar Peilen des Winkels zwischen der Längsachse des Bootes und dem Kielwasser – beim Abschätzen der Abdrift helfen kann... aber davon bin ich nicht überzeugt.

Mir scheint das Ermitteln der Abdrift großenteils eine Sache von Erfahrung und vielleicht pessimistischen Annahmen zu sein, wobei das GPS heute eine kleine Hilfe sein kann.

Die wichtigsten Regeln lauten:
- Geschätzte Abdrift vor dem Übertragen des Kurses in die Karte addieren oder subtrahieren
- Abdrift führt immer **leewärts**, also in Windrichtung, weil der Wind das Boot vom vorgesehenen Kurs abbringt

> **ABDRIFT VOR DEM EINZEICHNEN IN DIE KARTE ADDIEREN/SUBTRAHIEREN**

POSITIONSBESTIMMUNG

■ Positionsbestimmung: 4 Berichtigter Koppelort

Ein Koppelort ist nicht genau genug, weil dabei der **Gezeitenstrom** (GS) nicht berücksichtigt worden ist. Die Auswirkungen eines Gezeitenstroms lassen sich berechnen und in das Diagramm einbeziehen, so dass sich ein **berichtigter Koppelort** ergibt.

Ein berichtigter Koppelort wird folgendermaßen dargestellt:

Einzeichnen eines berichtigten Koppelorts

▶ Koppelort einzeichnen
▶ Vom Koppelort eine Linie ziehen, die Richtung und Geschwindigkeit des Gezeitenstroms darstellt, der das Boot vom Koppelort versetzt hat

Zeit	Logge	° rwK	
09.00	0	140° T	Ablegen
10.00	4,3	120° T	beobachteter Schiffsort
11.00	9,7	120° T	gekoppelter Schiffsort

Gezeitenströme werden immer mit der **Stromrichtung in °rw und der Stundengeschwindigkeit** angegeben. In Abb. 22 bedeutet das also, dass der Strom das Boot mit 1,0 kn nach 170° rw versetzt. **Ein Knoten entspricht einer Seemeile pro Stunde.**

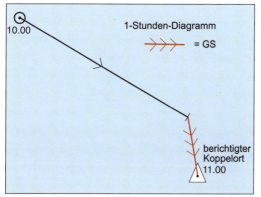

Abb. 22

Um einen berichtigten Koppelort für 1030 zu ermitteln, müsste der Skipper den Koppelort wie gewohnt einzeichnen, aber den Gezeitenstrom nur zur Hälfte berücksichtigen, weil er nur halb so lange einwirkt (Abb. 23).

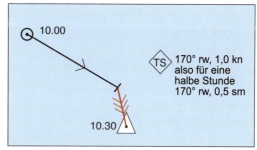

Abb. 23

Um zu einem berichtigten Koppelort zu kommen, muss man also immer erst den Koppelort und dann den Gezeitenstrom einzeichnen.

Koppelort + Gezeitenstrom = berichtigter Koppelort

Ein berichtigter Koppelort kann stündlich oder, wenn sich das Boot in offenen Gewässern befindet, auch nach mehreren Stunden eingezeichnet werden.

Er lässt sich bei jeder Kursänderung und sogar auf Kreuzkursen berechnen. Es muss nur immer der Kurs und die zurückgelegte Strecke und am Ende dann der Gezeitenstrom eingezeichnet werden. Wichtig dabei ist, dass der eingezeichnete Gezeitenstrom im richtigen Verhältnis zur Fahrtzeit steht. In den meisten Fällen ändern sich Richtung und Geschwindigkeit des Gezeitenstroms von Stunde zu Stunde. Das ist kein Problem, weil man die Daten immer nur am Ende in die Karte zu übertragen braucht; dabei muss man aber immer daran denken, dass das nur auf offener See ungefährlich ist. Als Skipper sollte man die Position regelmäßig überprüfen – auch ein berichtigter Koppelort ist nur eine Schätzung der wahren Position.

Die Zeichnung in der Karte zeigt dann, was passiert, wenn man einen bestimmten Kurs steuert und Gezeitenströme das Boot versetzen. Außerdem wird sichtbar, wie groß der Einfluss der Gezeitenströme auf die Fahrt des Bootes und seinen Kurs über Grund ist.

Je nach Richtung des Gezeitenstroms in Bezug auf den Steuerkurs kann das Diagramm ganz unterschiedlich ausfallen (Abb. 25).

Fahrt über Grund (FüG)

Werfen wir noch einmal einen Blick auf Abb. 22. Dort ist zu sehen, dass sich das Boot um 1000 am beobachteten Schiffsort und dann um 1100 am berichtigten Koppelort befand. Die Logge vermeldet zwar eine zurückgelegte Strecke von 5,4 sm, aber der Ausgangspunkt und der berichtigte Koppelort sind weiter voneinander entfernt.

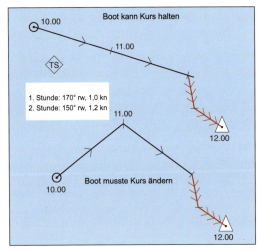

Abb. 24
Berichtigter Koppelort nach zwei Stunden

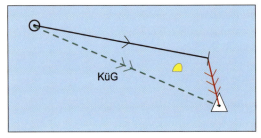

Abb. 26

Das sieht zunächst nach einem Fehler aus, liegt aber daran, wie die Logge Strecke und Fahrt misst.

Die meisten Loggen ermitteln Fahrt und Strecke mittels eines Propellers, der in einem durch den Rumpf geführten Rohr sitzt, und zeigen das Ergebnis in Knoten an (ein Knoten entspricht einer Seemeile pro Stunde). Mit der Drehbewegung des Propellers wird die **Fahrt durchs Wasser** gemessen – ohne Berücksichtigung der Wirkung des Gezeitenstroms. Der Gezeitenstrom kann die Fahrt beschleunigen oder verlangsamen, und das geht aus dem Diagramm hervor. Das Diagramm zeigt, wie schnell wir in Wahrheit über Grund sind, es zeigt die **Fahrt über Grund**, die sich mit der Logge nicht ermitteln lässt (Abb. 27).

Kurs über Grund (KüG)

Hat das Boot die Tonne im Norden oder im Süden passiert (Abb. 26)?
Im Süden, auf dem Weg vom beobachteten Schiffsort zum berichtigten Koppelort. Der KüG ist hier als gestrichelte Linie eingezeichnet.

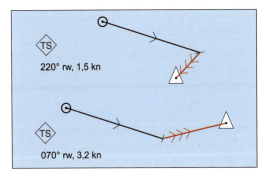

Abb. 25

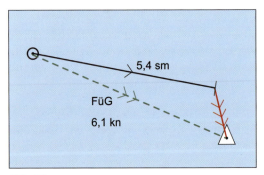

Abb. 27

POSITIONSBESTIMMUNG

Ohne ein solches Diagramm wird die Fahrt über Grund nicht immer deutlich, aber sie kann bei einem Boot in langsamer Fahrt einen erstaunlichen Unterschied ausmachen.

Das ist ein weiterer Grund dafür, dass der Skipper jederzeit unbedingt wissen muss, wie sich Geschwindigkeit und Richtung der Tide auf sein Boot auswirken. Besonders gilt das für Skipper relativ langsamer Boote wie Segelyachten. Bei einem Törn vor der Küste kann es für die Crew einen riesigen Unterschied ausmachen, wenn die Yacht mit dem Gezeitenstrom läuft. Gegen den Gezeitenstrom zu segeln, ist, wie wenn man eine nach unten führende Rolltreppe hinaufläuft.

Stellen wir uns zwei Yachten vor, die bei 2 kn Gezeitenstrom 4 kn Fahrt machen. Die eine segelt die Küste hinauf, die andere hinunter (Abb. 28).

Beide Boote machen 4 kn Fahrt durchs Wasser, die Logge zeigt auf beiden Booten 4 kn an. Auf beiden Yachten herrscht das Gefühl, gleich schnell wie die andere vorwärts zu kommen, doch die eine Crew wird schon weit vor der anderen geduscht haben und in der Bar sitzen. Und was lernen wir daraus? Nicht einfach aufstehen, frühstücken und ablegen, sondern erst nach den Gezeitenströmen erkundigen und zur besten Zeit lossegeln.

All das bedeutet, dass man durchaus einen Törn zu einem dreißig Seemeilen entfernten Hafen unternehmen kann, die Logge für diese Strecke aber nur 25 sm anzeigt. Umgekehrt kann es passieren, dass bei schlechter oder fehlender Planung der Weg durchs Wasser weiter ist als die Gesamtstrecke auf der Karte. Das wäre dann ein typisches Beispiel dafür, dass man »eine Abwärtsrolltreppe hinaufläuft«.

Für den Skipper einer schnellen Motoryacht ist fehlende Fahrt über Grund kein Thema, aber auch er sollte über die Gezeitenströme Bescheid wissen. Wenn er nämlich seinen Törn für die Zeit plant, in der der Gezeitenstrom in die gleiche Richtung setzt wie der Wind, kann er mit glatterem Wasser, schnellerer Fahrt und geringerem Treibstoffverbrauch rechnen.

Boot A – Fahrt durchs Wasser (Logge)	4,0 kn
GS	2,0 kn
Fahrt über Grund	2,0 kn
FüG Boot B – Fahrt durchs Wasser (Logge)	4,0 kn
GS	2,0 kn
Fahrt über Grund	6,0 kn

Abb. 28

Auch hier ist das GPS besonders nützlich, weil es die Fahrt über Grund (FüG) berechnen und anzeigen kann. Das geschieht so schnell und einfach, weil der Empfänger seine Position alle paar Sekunden aktualisiert.

GPS-Anzeige Fahrt durchs Wasser und Fahrt über Grund

Boot A, Fahrt <u>gegen</u> einen Gezeitenstrom von 2 kn

Boot B, Fahrt <u>mit</u> einem Gezeitenstrom von 2 kn

39

Gezeiten

■ Gezeiten: 1
Allgemeine Einführung

Das Navigieren könnte so einfach sein, wenn es die Gezeiten nicht gäbe. Sie verursachen vertikale Wasserbewegungen, die die **Gezeitenhöhe** ändern, und horizontale Wasserbewegungen, die wir als **Gezeitenströme** bezeichnen.

Ohne Gezeiten
▶ wäre ein gekoppelter Schiffsort genau und müsste nicht berichtigt werden,
▶ könnte man zu jederzeit einen Törn vor der Küste machen,
▶ könnte der Kurs zur nächsten Ansteuerungsmarke direkt aus der Karte herausgemessen und gesteuert werden, weil keinerlei Gezeitenstrom das Boot versetzen würde,
▶ würde sich die Wassertiefe über Felsen und Sandbänken nie ändern,
▶ entspräche die Tiefe immer den Angaben in der Karte,
▶ würde aus der Karte hervorgehen, ob das Wasser tief genug ist, um in eine Flussmündung oder einen Hafen einzufahren,
▶ bräuchte man sich nach dem Ankerwerfen keine Sorgen zu machen, dass der Anker schliert, weil für den steigenden Wasserstand nicht genügend Kette gesteckt wurde,
▶ könnte das Boot an einer Muringtonne oder –boje nicht aufsetzen, weil der Wasserstand nicht fallen würde.

Diese Aufzählung sollte ausreichen, um aufzuzeigen, dass die Gezeiten alle Aspekte des Segel- und Motorbootsports beeinflussen.

Woher kommen die Gezeiten?

Ursache für die Gezeiten ist die Anziehungskraft von Sonne und Mond, deren Stellung zueinander für das schematische Verhalten der Gezeiten verantwortlich ist.

Im Laufe der vierundzwanzig Stunden eines Tages tritt im Abstand von etwa 6 1/4 Stunden zweimal Hochwasser und zweimal Niedrigwasser ein. Die Anziehungskraft der Sonne wirkt manchmal in die gleiche und zu anderen Zeiten in die entgegengesetzte Richtung wie die des Mondes, und das führt dazu, dass das Hochwasser manchmal viel höher als sonst ausfällt (Abb. 29). Das geschieht regelmäßig alle vierzehn Tage, und man spricht dann von einer **Springtide**. Bei Springtide fällt das Hochwasser höher und das Niedrigwas-

Der Yachtclub Arun bei Hochwasser…

… und bei Niedrigwasser

GEZEITEN

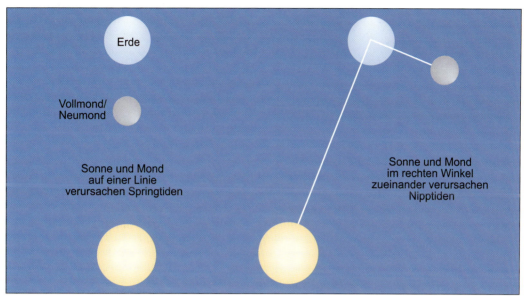

Abb. 29

ser niedriger aus. Zwischen den Springtiden liegen die **Nipptiden** mit weniger hohem Hochwasser und weniger niedrigem Niedrigwasser. Spring- und Nipptiden wechseln sich das ganze Jahr hindurch im Abstand von etwa einer Woche ab; wie hoch bzw. niedrig die Wasserstände dabei ausfallen, unterliegt einer gewissen Schwankungsbreite. Die extremsten Springtiden des Jahres treten im März und September jeweils zur Tagundnachtgleiche ein.

Ich habe schon mal jemanden sagen gehört: »Diese Woche haben wir Springtide.« Das ist genau so unsinnig wie der Ausspruch: »Diese Woche haben wir Montag.« Die Gezeiten wechseln in einem natürlichen Zyklus allmählich von der Nipp- zur Springtide und wieder zurück. Jeden Tag tritt das Hochwasser etwas höher ein, bis es den Gipfelpunkt erreicht und wieder fällt.

Wenn es um das Thema Gezeiten geht, kommen viele neue Begriffe ins Spiel, die deshalb im Folgenden erst einmal geklärt werden sollen.

Tidenhub. Der Tidenhub ist der Höhenunterschied zwischen HW und NW. Er dient als zuverlässigster Anhaltspunkt, um durch einen Vergleich mit der mittleren Spring- und Nipptidenhöhe im Hafen festzustellen, ob gerade Spring- oder Nipptide herrscht.

Tidenhub =
Hochwasserhöhe - Niedrigwasserhöhe

Springtide. Springtiden treten etwa zwei Tage nach Voll- und Neumond ein. Das Hochwasser ist dann sehr hoch und das Niedrigwasser sehr niedrig, d.h., der Tidenhub ist am größten. Gleichzeitig sind sie Gezeitenströme am stärksten, weil in der selben Zeit zwischen Hoch- und Niedrigwasser größere Wassermengen fließen müssen.

Nipptide. Da bei Nipptide HW und NW weniger hoch bzw. niedrig ausfallen, ist auch der Tidenhub kleiner. Die Gezeitenströme sind schwächer.

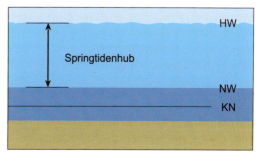

Abb. 30

41

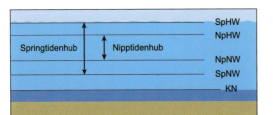

Abb. 32

Kartennull. Das Kartennull ist in Seekarten die Bezugsfläche, von der aus Tiefen und trockenfallende Höhen gemessen werden. Es handelt sich dabei um den unter normalen Umständen zu erwartenden niedrigsten Wasserstand, also um den örtlich niedrigst möglichen Gezeitenwasserstand.

Trockenfallende Höhe. Dabei handelt es sich um die Höhe, um die ein Felsen, ein Wattengebiet oder eine Sandbank über Kartennull liegt. »Über Kartennull« bedeutet aber nicht notwendigerweise »über der Wasseroberfläche«. In der Karte sind das die grün schattierten Bereiche mit den unterstrichenen Zahlen. Auch wenn sie sich dort deutlich abheben, sind sie auf See nicht immer zu erkennen, weil sie eben manchmal unter der Wasseroberfläche liegen.

Kartentiefe. Die Kartentiefe wird in der Karte durch schwarze Zahlen angegeben. Da die Gezeitenhöhe bei diesen Zahlen nicht berücksichtigt ist, hat man fast immer mehr Wasser unter dem Kiel.

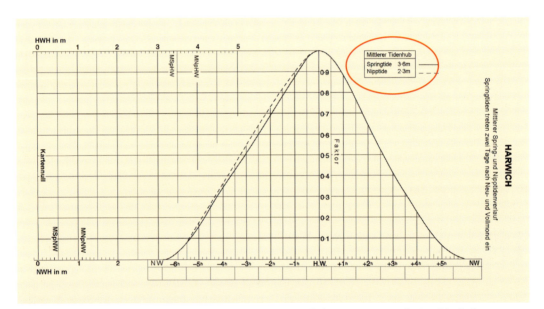

Abb 32. Tidenkurve für Harwich mit mittlerem (durchschnittlichem) Spring- und Nipptidenhub

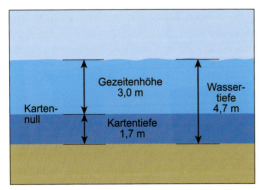

Abb. 33

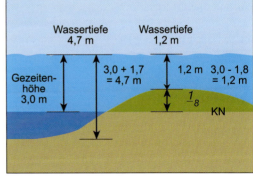

Abb. 34

GEZEITEN

Gezeitenhöhe. Die Gezeitenhöhe entspricht der Wasserhöhe über Kartennull. Sie ist für Hoch- und Niedrigwasser in den entsprechenden Gezeitentafeln aufgeführt. Für die (etwa) sechs Stunden zwischen Hoch- und Niedrigwasser muss sie anhand einer Tidenkurve (Abb. 32) ermittelt werden.

Wassertiefe (siehe Abb. 33). Die Wassertiefe ist der Abstand zwischen der Wasseroberfläche und dem Meeresgrund. Sie kann folgendermaßen berechnet werden:

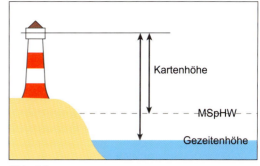
Abb. 36

> **Gezeitenhöhe + Kartentiefe = Wassertiefe**

Bei trockenfallenden Höhen wird die Wassertiefe gemäß Abb. 34 ermittelt.

Tidenstieg. Der Tidenstieg ist der Betrag, um den das Wasser während der Flut steigt.

Tidenfall. Betrag, um den das Wasser während der Ebbe fällt.

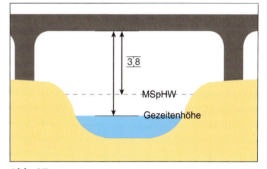
Abb. 37

In der Karte wird die Höhe folgendermaßen angegeben:

$\overline{3\ |\ 8}$ = 38 m

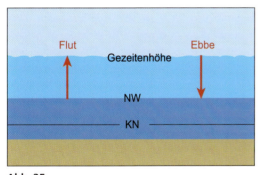

Abb. 35

Kartenhöhe. Unter Kartenhöhen versteht man beispielsweise **Leuchtturmhöhen und Durchfahrtshöhen von Brücken** bei MSpHW. Das mittlere Springhochwasser wird hier als Bezug verwendet, weil dadurch (bei Brücken) eine Mindestdurchfahrtshöhe sichergestellt ist. Wenn kein MSpHW herrscht, ist der Wasserstand niedriger, und es bleibt mehr Platz unter der Brücke.

Die Höhe eines Leuchtturms dient als Hinweis dafür, aus welcher Entfernung er sichtbar ist: je größer der Leuchtturm, desto größer die Entfernung, aus der er zu sehen ist. Bei einer Gezeitenhöhe unterhalb MSpHW steht der Leuchtturm höher über dem Wasser und ist daher aus größerem Abstand auszumachen. Da dabei auch die Augenhöhe des Beobachters eine Rolle spielt, enthalten die nautischen Jahrbücher eine entsprechende Tabelle.

MSpHW. Das mittlere Springhochwasser ist die durchschnittliche Hochwasserhöhe bei Springtide.
MNpHW. Das mittlere Nipphochwasser ist die durchschnittliche Hochwasserhöhe bei Nipptide.
MSpNW. Das mittlere Springniedrigwasser ist die durchschnittliche Niedrigwasserhöhe bei Springtide.
MNpNW. Das mittlere Nippniedrigwasser ist die durchschnittliche Niedrigwasserhöhe bei Nipptide.

■ Gezeiten: 2 Gezeitentafeln und Gezeitenhöhen

Am Anfang aller Informationen über Gezeiten stehen die Gezeitentafeln, die in vielerlei Formen auftreten:

- Die Admiralty-Gezeitentafeln des britischen hydrografischen Instituts enthalten nur Gezeitendaten. Sie decken viele nationale und internationale Häfen ab, haben aber die Größe und das Gewicht eines Großstadt-Telefonbuchs!
- Manche Marinabetreiber, Schiffsausrüster und Hafenbehörden geben Broschüren mit den Gezeitentafeln für ihr jeweiliges Revier heraus. Dieses Broschüren passen bequem in die Hosen- oder Jackentasche und sind sehr nützlich, decken aber nur ein kleines Gebiet ab.
- Nautische Jahrbücher enthalten Gezeitendaten für viele Häfen und eine Unmenge an weiteren Informationen zu Häfen, Sicherheit, Wetter und vielem mehr. Sie sind als Nachschlagewerk auf jedem Boot fast unersetzlich.

Aber kein Werk kann alle Häfen abdecken. Die aufgeführten Häfen werden als **Bezugsorte** bezeichnet; für sie sind die Hoch- und Niedrigwasserzeiten für jeden Tag des Jahres aufgeführt. Angegeben ist jeweils die **Gezeitenhöhe**, d.h., der auf das örtliche Kartennull bezogene Wasserstand. Die Details für Bezugsorte sind schnell festgestellt:

- Hafen, Monat und Tag suchen; lieber zweimal hinsehen, weil dabei leicht Fehler passieren

- Angaben zu HW und NW notieren
- Auf die Zeitzone achten und gegebenenfalls bei Sommerzeit eine Stunde addieren

Die für die jeweilige Tafel geltende Zeit ist auf der Seite angegeben. Für Frankreich, Belgien, Holland und Deutschland gilt beispielsweise die mitteleuropäische Zeit (MEZ) bzw. UTC + 1. Das bedeutet, dass das ganze Jahr über eine Stunde **subtrahiert** werden muss, um die in der Tafel angegebenen Zeiten in UTC umzurechnen, d.h., aus 0300 MEZ wird 0200 UTC.

Im Sommer kommt wegen der mitteleuropäischen Sommerzeit (MESZ) natürlich eine Stunde hinzu, die dann bei der Umrechnung in UTC noch zusätzlich abgezogen werden muss. Das mag bei der Planung zu Hause alles kompliziert erscheinen, ist aber nicht anderes als das Umstellen der Uhr vor der Landung des Flugzeugs in einem Land, das in einer anderen Zeitzone liegt.

Beim Nachschlagen der HW- und NW-Daten sollte man gleich daran denken auszurechnen, in welcher Phase sich die Gezeiten befinden, d.h., ob Spring- oder Nipptide herrscht oder irgendein Zwischenzustand. Es gibt Skipper, die einfach nach dem höchsten Hochwasser suchen und dann davon ausgehen, dass das eine Springtide ist. Eine kurze Berechnung ist jedoch allemal besser – und überhaupt nicht kompliziert.

Spring- oder Nipptide?

- Hoch- und Niedrigwasserhöhe für den betreffenden Tag nachschlagen.
- Tidenhub ausrechnen (= HW – NW).
- Tidenhub des betreffenden Tages mit dem mittleren Tidenhub für den Ort vergleichen. Der mittlere oder durchschnittliche Tidenhub steht im nautischen Jahrbuch neben der Tidenkurve, mit der wir uns später noch befassen werden. Hier haben wir einen mittleren Springtidenhub von 3,6 m und einen mittleren Nipptidenhub von 2,3 m.

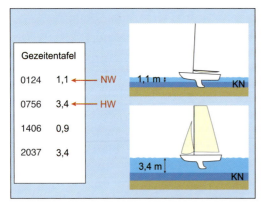

Abb. 38

GEZEITEN

Diese Methode ermöglicht eine schnelle und genaue Unterscheidung zwischen Spring- und Nipptiden und zeigt auf, wann die Gezeiten außerhalb der durchschnittlichen Werte liegen und sich damit auf die Stärke der Gezeitenströme auswirken. Wenn in unserem Beispiel der Tidenhub bei 3,8 m oder 4,1 m läge, könnte man von einer »Super-Springtide« reden.

Anschlussorte

Alle Orte, für die es keine vollständige Gezeitentafel gibt, werden unabhängig von ihrer Größe als Anschlussorte bezeichnet. Für diese Orte müssen die Zeiten und Höhen von Hoch- und Niedrigwasser anhand der Daten für den jeweiligen Bezugsort berechnet werden.

Das ist im Prinzip ganz einfach:

▶ An Orten, die nahe beieinander liegen, treten die Tiden regelmäßig zu ganz ähnlichen Zeiten ein, die sich nur um wenige Minuten unterscheiden.
▶ Wenn der Unterschied zwischen der Tidenzeit am Bezugsort und der Tidenzeit am Anschlussort bekannt ist, kann man letztere daraus errechnen.

Ein Blick auf die Gezeitentafeln zeigt die simple Logik, die dahintersteckt.

Harwich ist ein Bezugsort mit eigener Gezeitentafel. In einer Tabelle sind für viele Anschlussorte die Unterschiede zur Hochwasserzeit in Harwich aufgeführt.

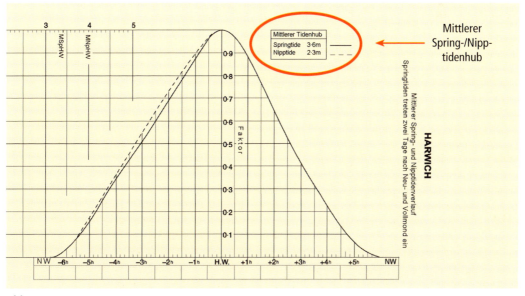

Abb. 39

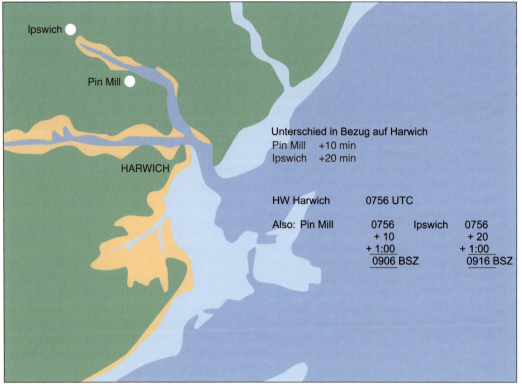

Abb. 40

So wird beispielsweise für Ipswich der Unterschied als +20 angegeben, d.h., das Hochwasser tritt dort zwanzig Minuten später ein.

Bei Pin Mill, auf halber Strecke zwischen Harwich und Ipswich gelegen, beträgt der Unterschied +10, also zehn Minuten später.

Wie man sieht, ist das wirklich ganz einfach und meistens auch genau genug.

Aber...

In den nautischen Jahrbüchern und den Gezeitentafeln finden sich detailliertere Aufstellungen, die zeigen, dass an der Sache doch etwas mehr dran sein muss.

▶ Die in den Taschentafeln aufgeführten Berichtigungswerte stellen den Durchschnitt zweier Gezeitenunterschiede aus dem Jahrbuch dar.

▶ Die beiden Unterschiede im Jahrbuch stehen für Spring- und für Nipptiden. So steht in der Taschentafel vielleicht +20 min, im Jahrbuch hingegen +15 und +25 min.
▶ Wenn die Unterschiede sehr groß sind und besonders, wenn nicht ganz genau Spring- oder Nipptide herrscht, muss man sich die beiden Zahlen ansehen und ausrechnen oder schätzen, wie viel zwischen den beiden Höchstwerten zu addieren oder zu subtrahieren ist (interpolieren).
▶ Auch an Stellen, an denen die Wasserströmungen stark durch die Form des Landes beeinflusst werden, z.B. im Solent, treten komplexe Gezeitenunterschiede auf. Das kann bedeuten, dass die beiden Zeiten um Stunden differieren. **Wenn die Situation sehr kompliziert erscheint, schlägt man am besten im betreffenden Hafenhandbuch nach.** Für viele Anschlussorte, die einerseits komplizierte Verhältnisse aufweisen und andererseits bei Wassersportlern sehr beliebt sind, gibt es eigene Taschentafeln, die dem Skipper umständliche Berechnungen ersparen.

GEZEITEN

■ Gezeitenberechnungen für Anschlussorte

	HW		NW		MSpHW	MNpHW	MNpNW	MSpNW
Bezugsort Harwich	0000 1200	0600 1800	0000 1200	0600 1800	4,0	3,4	1,1	0,4
Anschlussort Ipswich	+0015	+0025	0000	+0010	+0,2	0,0	-0,1	-0,1

Wenn HW Harwich heute um 0000 oder 1200 UTC, 15 min addieren

Wenn HW Harwich heute um 0600 oder 1800 UTC, 25 min addieren

Wenn HW Harwich heute 4,0 m, dann HW Ipswich + 0,2 m

Wenn HW Harwich heute 3,4 m, dann HW Ipswich + 0,0 m

Aber wenn zwischen
0000 ⇄ 0600
1200 ⇄ 1800

dann zwischen
15 und 25 min addieren

Wenn HW Harwich heute zwischen 4,0 ⟶ 3,4 m, dann für HW Ipswich zwischen 0,2 und 0,0 m addieren.

$$\begin{array}{rr} \text{HW Harwich} & 3,4 \\ & +\,0,0 \\ \hline \text{HW} & 3,4\text{m} \\ \text{in Ipswich} & \end{array}$$

Heute 0756 – rund 0800
d.h., zwischen 0600 und 1200
also zwischen +25 und +15
aber näher an 0600, also näher an 25 min
daher etwa 22 min addieren

$$\begin{array}{r} 0756 \text{ UTC} \\ +\,22 \\ +\,1.00 \\ \hline 09.18 \text{ BST} \end{array}$$

Um sich die Sache zu erleichtern, kann man kostenlos eine siebentägige Vorhersage der Gezeitendaten für Bezugs- und Anschlussorte auf der ganzen Welt von der Webseite www.ukho.gov.uk/easytide herunterladen; außerdem gibt es entsprechende PC-Programme.

HOPKINSON • NAVIGATION FÜR EINSTEIGER

■ Gezeiten: 3 Gezeitenströme

In gewisser Hinsicht scheinen Gezeitenströme ein völlig anderes Thema zu sein als Gezeitenhöhen, aber dem ist offensichtlich nicht so, weil sie schließlich durch das Steigen und Fallen der Gezeiten hervorgerufen werden.

Gezeitenströme sind **horizontale Wasserbewegungen** und als solche für die Navigation ungeheuer wichtig. Gelegentlich ist von Strömungen die Rede, wenn eigentlich Gezeitenströme gemeint sind. Meeresströmungen wie der Golf- oder der Äquatorialstrom setzen generell in eine konstante Richtung, während ein Gezeitenstrom seine **Richtung ändert**, und zwar in der Regel um den Zeitpunkt des Hoch- und des Niedrigwassers herum. Gezeitenströme setzen im Schnitt sechs Stunden in die eine und dann sechs Stunden in die andere Richtung.

Im Allgemeinen gilt:

- Der Gezeitenstrom setzt entlang der Küste.
- Gezeitenströme sind sehr stark, wenn das Wasser durch eine Enge zwischen Inseln fließen muss und wenn sie in einer Flussmündung auftreten.
- Gezeitenströme wirken stärker im Bereich von Landspitzen und Vorgebirgen.
- Im Schnitt sind Gezeitenströme am stärksten in der dritten und vierten Stunde und am schwächsten, wenn die Tide kentert, d.h., beim Wechsel zwischen Ebbe und Flut.
- Gezeitenströme sind weniger stark in den Flachwasserbereichen nahe Flussufern und in Buchten.
- Gezeitenströme erreichen die größte Stärke bei Springtide, weil dann der Tidenhub am größten ist und in den verfügbaren sechs Stunden mehr Wasser fließen muss.
- Woher weiß der Skipper, welche Eigenschaften der Gezeitenstrom aufweist?

In einem Fluss oder beim Passieren eines festen Objekts wie einer Tonne oder eines vor Anker liegenden Boots ist es oft leicht, **die Richtung** des Gezeitenstroms zu **sehen**. Eine ankernde oder an einer Muringtonne festgemachte Yacht liegt wegen ihres Kiels fast immer mit dem Bug gegen die Tide. Wenn der Wind sehr stark und die Tide sehr schwach ist oder wenn das Boot keinen Kiel besitzt, ist die Liegerichtung mehr vom Wind abhängig.

Manchmal ist die **Stärke** des Gezeitenstroms auch ganz einfach zu erkennen.
Auf See sind diese optischen Hinweise seltener, so dass man leicht vergisst, welche Wirkung der Gezeitenstrom auf das Boot hat. Wenn man diese Wirkung bei der Törnplanung ignoriert, ist man möglicherweise Stunden länger unterwegs, aber gefährlicher ist es, den Einfluss des Gezeitenstrom nicht zu berücksichtigen, wenn man feste Objekte passieren muss oder zwischen

Diese ankernden Boote liegen sämtlich mit dem Bug gegen die Tide.

»Bug- und Heckwelle« dieser Tonne zeigen Richtung und Stärke des Gezeitenstroms an.

GEZEITEN

Sandbänke und Felsen navigiert. Als Skipper muss man Gezeitenströme jederzeit vorrangig einkalkulieren; dazu dienen folgende Hilfsmittel:

- Tidenrauten in der Karte
- **Gezeitenatlas** in Form eines **Buches**, das die Gezeitenströme auf Karten eines Reviers enthält

Die gelegentlich auftauchende Frage, was besser ist, lässt sich so nicht beantworten, denn dabei werden dieselben Informationen nur anders dargestellt. Die Tafeln geben die Details grafisch auf Karten wieder, während die Tidenrauten die Daten in Form einer Tabelle direkt auf der Seekarte widerspiegeln. Die Zahlen mögen den Eindruck größerer Genauigkeit vermitteln, aber dem ist nicht so. Manchmal eignet sich das eine besser als das andere, um die gewünschten Informationen zu bekommen, aber beide Hilfsmittel erfordern einiges an Nachschlagen und Interpolieren.

Tidenrauten

Tidenrauten – gekennzeichnet durch Buchstaben – finden sich überall auf der Karte; die entsprechenden Daten sind in Tabellenform dargestellt.

Im Kopf der Tabelle ist der **Bezugsort** für die Gezeitenangaben auf der ganzen Karte angegeben. Für die nächste Karte im Verlauf des Törns gilt möglicherweise ein anderer Bezugsort. Da das leicht dazu führt, dass Fehler passieren, muss man es sich zur Angewohnheit machen, den Bezugsort zu überprüfen.

Jede Datenreihe in der Tabelle gilt für eine Stunde vor oder nach Hochwassereintritt, und die Zahlen zeigen **Richtung und Geschwindigkeit** des Gezeitenstroms an der Rautenposition. Die Richtung, in die der Gezeitenstrom setzt, wird rechtweisend angegeben, d.h., man braucht sie vor dem Übertragen in die Karte nicht um die Missweisung zu berichten. Das Maß für die Geschwindigkeit sind Knoten, also Seemeilen pro Stunde. Die beiden unterschiedlichen Geschwindigkeitsangaben gelten für Spring- und Nipptide, wobei die erste Zahl für Springtiden gilt. Das ist problemlos zu erkennen, da der Gezeitenstrom bei Springtide wegen des größeren Tidenhubs schneller ist. Für den Bereich zwischen Spring- und Nipptide muss man **interpolieren**.

Daher gilt folgende Vorgehensweise:
- Hochwasserzeit am Bezugsort ermitteln und gegebenenfalls in Sommerzeit umrechnen
- Angegebenen mit dem mittleren Tidenhub vergleichen, um festzustellen, ob Spring- oder Nipptide bzw. Übergangszeit vorliegt
- Passende Zeit berechnen
- Richtung und Geschwindigkeit des Gezeitenstroms aus der Tabelle entnehmen

Die Ermittlung der passenden Stunde vor oder nach Hochwasser ist sehr wichtig und muss systematisch erfolgen. Eine grobe Schätzung ergibt nach meiner Erfahrung keine genauen Resultate. Natürlich ändert der Gezeitenstrom seine Richtung nicht von einer Sekunde auf die nächste, und deshalb stellen die aufgeführten Daten einen angenommenen Durchschnitt für die jeweilige Stunde dar. Jede einzelne Richtungs- und Geschwindigkeitsangabe in der Tabelle gilt für diese eine Stunde, d.h., wenn das Hochwasser um 1215 eintritt, dann gilt als Hochwasserstunde die Zeit zwischen einer halben Stunde vor und einer halben

49

Stunde nach diesem Zeitpunkt, also von 1145 bis 1245. Diese Berechnungsmethode gilt auch für alle anderen Zeiten. Sie sollte einigermaßen streng angewandt werden, auch wenn man mal um die eine oder andere Minute auf- oder abrundet. Auch hier bietet sich zum Aufschreiben wieder eine Tabelle an, selbst wenn sie aussieht wie ein Stundenplan aus der Schule.

```
              06.45 – 07.45  = -5
              07.45 – 08.45  = -4
              08.45 – 09.45  = -3   Stunden
              09.45 – 10.45  = -2   vor HW
    HW        10.45 – 11.45  = -1
    12.15  →  11.45 – 12.45  = HW-Stunde
    BSZ
```

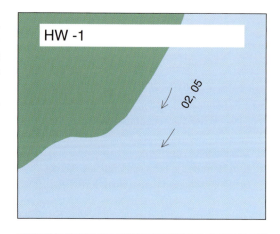

Gezeitenatlas

Das britische hydrografische Institut gibt Atlanten mit den Gezeitenströmen für verschiedene Reviere heraus, verkleinerte Darstellungen der Bilder sind in nautischen Jahrbüchern und auf manchen Karten zu finden. Diese Atlanten umfassen jeweils eine Serie von dreizehn Karten pro Revier, auf denen Richtung und Geschwindigkeit der Gezeitenströme für die einzelnen Stunden durch Pfeile und Zahlen dargestellt sind. Für jede Stunde vor und nach Hochwasser am Bezugsort ist jeweils eine Karte vorhanden (siehe Abb. 41). Die mittleren Karten der Serie zeigen die Gezeitenströme in der Hochwasserstunde. Die Karten verschaffen dem Skipper einen guten visuellen Eindruck von der Stromrichtung, und das macht einen solchen Atlas besonders wertvoll für die **Törnplanung** vor der Küste und für einen kurzen Überblick während des Törns. Sie können außerdem Verwendung finden, wenn auf der Karte eine passende Tidenraute fehlt.

Die generelle **Richtung** des Gezeitenstroms ist auf einen Blick zu erkennen, und das reicht für den groben Törnplan möglicherweise aus. Wenn jedoch für die Navigation eine genaue Richtung benötigt wird, muss man sie an der Stelle des nächstgelegenen Pfeils auf der richtigen Atlasseite aus der Karte herausmessen (siehe Bild auf der nächsten Seite).

Die Zahlen neben den Pfeilen geben die **Geschwindigkeit** des Gezeitenstroms an. Sie gelten für Spring- und

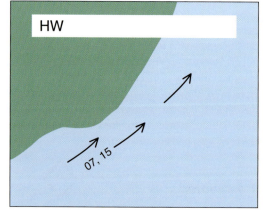

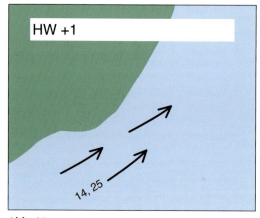

Abb. 41

Nipptide, wobei hier die erste Zahl merkwürdigerweise für Nipptiden steht. Auch wenn man das einmal vergisst, kommt man leicht wieder darauf, weil die Geschwindigkeit bei Nipptide fast immer geringer ist.

GEZEITEN

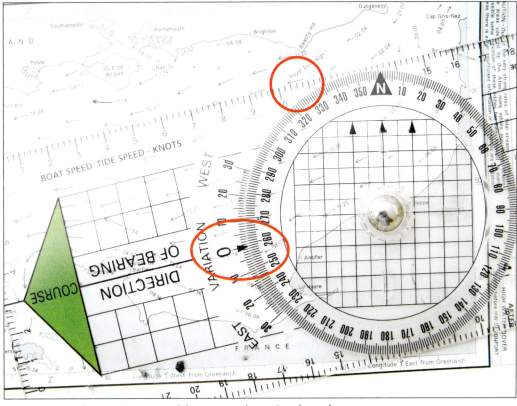

Herausmessen der Gezeitenstromrichtung aus einem Gezeitenatlas

Die Zahlen sehen etwas seltsam aus, da sie ohne Dezimaltrennzeichen geschrieben werden, d.h. **14, 25 steht für 1,4 kn bei Nipp- und 2,5 kn bei Springtide** und nicht für 14 und 25 kn. Auch das Erscheinungsbild des Pfeils ist ein Hinweis auf die Stärke des Stroms: Je stärker der Strom, desto dunkler und dicker die Linien.

Daher gilt folgende Vorgehensweise:

▶ Hochwasserzeit am Bezugsort für den Atlas ermitteln und gegebenenfalls in Sommerzeit umrechnen

▶ Angegebenen mit dem mittleren Tidenhub vergleichen, um festzustellen, ob Spring- oder Nipptide bzw. Übergangszeit vorliegt

▶ Gezeitenatlas mit entsprechenden Anmerkungen versehen, d.h., auf der HW-Seite die Hochwasserzeit des Bezugsortes notieren und dann auf alle anderen Seiten die durch Addition oder Subtraktion ermittelten Zeiten schreiben. Nicht vergessen, dass jede einzelne Seite für eine Stunde gilt, d.h., von dreißig Minuten vor bis dreißig Minuten nach der notierten genauen Zeit. Manch ein Skipper notiert lieber die auf der jeweiligen Seite erfasste Stunde als die genaue Zeit, um daran zu denken.

Gezeiten: 4 Gezeitenhöhen

In den beiden vorhergehenden Abschnitten haben wir uns damit befasst, wie man die Zeiten und Höhen von Hoch- und Niedrigwasser an Bezugsorten ermittelt und auf Anschlussorte umrechnet. Diese Zahlen können in Verbindung mit anderen Tabellen dazu verwendet werden, den Gezeitenstrom zu berechnen, oder aus der Kartentiefe die Wassertiefe zu ermitteln.

- Kartentiefe + Gezeitenhöhe
  = Wassertiefe
- Gezeitenhöhe – trockenfallende Höhe
  = Wassertiefe

Aber das ist nicht alles. Vielleicht möchte man ja an einem bestimmten Sommernachmittag einen kleinen Hafen besuchen.

Die angegebene Kartentiefe beträgt 0,5 m. Bei Niedrigwasser um 1506 BSZ ist das Wasser in der Hafeneinfahrt nur 1,4 m tief. Zu wenig, um in den Hafen zu kommen. Bei Hochwasser um 2137 soll die Wassertiefe 3,9 m betragen – viel Wasser unter dem Kiel, aber vielleicht etwas spät am Abend, um noch an Land zu duschen und essen zu gehen. Aber wenn die Wassertiefe bei NW zu gering und bei HW völlig ausreichend ist, muss die Einfahrt irgendwann bei steigendem Wasser zwischen NW und HW möglich sein.

Wann ist die Einfahrt möglich?

Die Antwort auf diese Frage lautet: An dem Zeitpunkt, an dem das Wasser tief genug ist. Als erstes muss man also wissen, wie viel Wasser erforderlich ist bzw. wie hoch die Tide sein muss.

Dazu benötigt man folgende Informationen:

- **Tiefgang** des Bootes
- Gewünschter **Freiraum** unter dem Kiel. Das ist eine individuelle Entscheidung, die auf der Art des Meeresgrunds, auf den See- und Wetterbedingungen und auf dem Gezeitenstand (Ebbe oder Flut) beruht (siehe Abb. 42 und 42a).
- **Angaben aus der Karte**: Kartentiefe oder trockenfallende Höhe

Tiefgang:	1,8 m
Freiraum:	+ 0.7 m
Benötigte Tiefe:	= 2,5 m
Kartentiefe:	– 0.5 m
Erforderliche Gezeitenhöhe:	= 2,0 m

Wenn die erforderliche Gezeitenhöhe feststeht, geht es an die Arbeit in der **Tidenkurve**.

Aus der Gezeitentafel werden die folgenden Angaben benötigt:

- Hochwasserzeit, ggf. auf Sommerzeit berichtigt
- Hochwasserhöhe
- Niedrigwasserhöhe
- Spring- oder Nipptide? Das muss man wissen, weil die Kurve für manche Orte bei Spring- und Nipptide einen unterschiedlichen Verlauf aufweist.

GEZEITEN

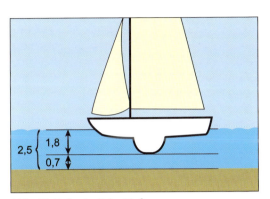

Abb. 42: Erforderliche Tiefe
= Tiefgang + Freiraum

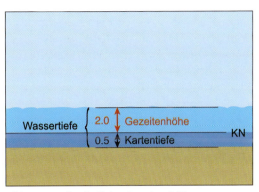

Abb. 42a: Erforderliche Gezeitenhöhe
= Erforderliche Tiefe - Kartentiefe

In der Kurve
1. HW- und NW-Höhe im linken Teil markieren und mit einer diagonalen Linie verbinden
2. Hochwasserzeit im Kästchen rechts, unterhalb der Kurve, eintragen und bei Bedarf auch Zeiten in die anderen Kästchen eintragen
3. Erforderliche Gezeitenhöhe suchen, in diesem Fall 2,0 m, Senkrechte auf die diagonale Linie fällen, vom Schnittpunkt aus Horizontale zur Kurve ziehen und von dort aus wieder eine Senkrechte auf die Zeitachse fällen. Der Ausgangspunkt der letzten Senkrechten muss je nach Gezeit auf der Nipp- oder Springkurve bzw. dazwischen liegen.
4. Zeit ablesen: Die Einfahrt ist frühestens um 1737 + 20 Minuten (1757) möglich.

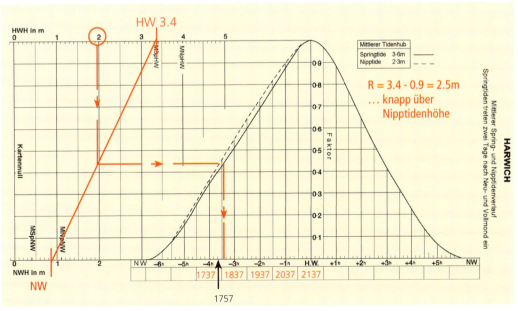

Abb. 43

Vielleicht stellt sich die Situation aber auch folgendermaßen dar:

Tiefgang:	1,5 m
Freiraum:	+0,5 m
Benötigte Tiefe:	= 2,0 m
Trockenfallende Höhe:	+1,1 m
Erforderliche Gezeitenhöhe:	= 3,1 m

Anhand der Tidenkurve lassen sich auch andere Fragen beantworten:

Wie hoch ist die Tide zu einer bestimmten Zeit?

Das ist praktisch dieselbe Frage wie vorher, nur andersherum! Die Arbeit in der Tidenkurve erfolgt mit denselben Daten, jetzt aber unter Verwendung des Morgenhochwassers.

▶ Hochwasserzeit, ggf. Sommerzeit
▶ Hochwasserhöhe
▶ Niedrigwasserhöhe
▶ Spring- oder Nipptide?

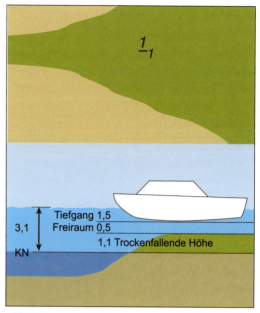

Abb. 44

Wie hoch ist die Tide um 1030 BSZ?
1. HW- und NW-Höhe mit einer diagonalen Linie verbinden
2. Hochwasserzeit im Kästchen unterhalb der Kurve eintragen und bei Bedarf auch Zeiten in die anderen Kästchen eintragen

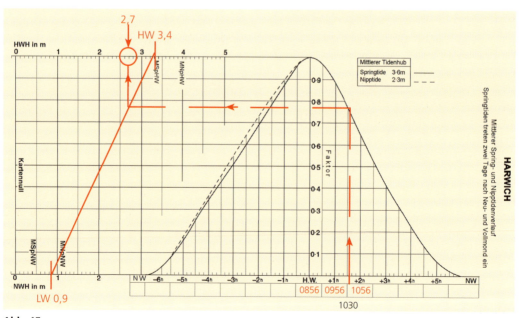

Abb. 45

GEZEITEN

3. Erforderliche Zeit unterhalb der Kurve suchen, in diesem Fall 1030, Senkrechte nach oben zur Kurve ziehen, vom Schnittpunkt aus Horizontale zur diagonalen Linie ziehen und von dort aus wieder eine Senkrechte zur Höhenachse. Der Endpunkt der ersten Senkrechten muss je nach Gezeit auf der Nipp- oder Springkurve bzw. dazwischen liegen.
4. Gezeitenhöhe ablesen, hier 2,7 m.

Diese Berechnung kann besonders bei Ebbe zum Ankern oder Festmachen verwendet werden.

Welche Mindesttiefe ist zum Ankern oder Festmachen erforderlich?

Folgende Punkte sind zu beachten:
▶ **Tiefgang** des Bootes
▶ Erforderlicher **Freiraum** unter dem Kiel bei Niedrigwasser
▶ **Tidenfall** zwischen dem Zeitpunkt der Ankerns oder Festmachens unter dem nächsten Niedrigwasser. Dieser ist äußerst leicht zu ermitteln, weil die Tide von der Höhe zum Zeitpunkt des Ankerns auf die Niedrigwasserhöhe fällt. Sobald Niedrigwasser eingetreten ist, fällt die Gezeit nicht weiter …deshalb heißt es ja auch Niedrigwasser.

> **Tiefgang + Freiraum + Tidenfall
> = Mindesttiefe zum Ankern**

Der Skipper beschließt, um 1030 zu ankern, und weiß, dass die Tide fallen wird, während das Boot vor Anker liegt. Wichtig ist, dass das Wasser am Ankerplatz nicht zu flach ist, auch wenn das Boot dort geschützt und weit genug von anderen Booten entfernt liegt.

So kommt man zum richtigen Ergebnis:
1. Gezeitenhöhe zur geplanten Ankerzeit ermitteln
2. Berechnen, um welchen Betrag die Tide fallen wird, während das Boot dort liegt. Sie fällt von der gegenwärtigen Höhe auf Niedrigwasserhöhe.

> **Gezeitenhöhe – Niedrigwasserhöhe
> = Tidenfall
> 2,7 m – 0,9 m = 1,8 m**

3. Damit ergibt sich als Mindesttiefe zum Ankern um 1030:

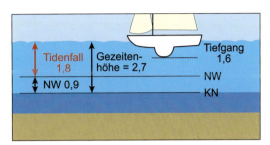

Abb. 46

> **Tiefgang + erforderlicher Freiraum bei NW
> + Tidenfall
> 1,6 m + 1,0 m + 1,8 m = 4,4 m Mindesttiefe**

ODER: Der Skipper hat die einzige freie Muringboje vor einem sehr beliebten Ort »erwischt«, aber das Wasser dort ist relativ flach. Hat er bei Niedrigwasser noch genügend Wasser unter dem Kiel oder wird sein Boot aufsetzen?

▶ Wassertiefe am Echolot ablesen
▶ Gegenwärtige Gezeitenhöhe berechnen
▶ Tidenfall ermitteln (Gezeitenhöhe – Niedrigwasserhöhe)
▶ Tiefgang nicht vergessen!

> **Wassertiefe – Tidenfall – Tiefgang
> = Freiraum bei NW**

Wenn es sich bei dem Ort um einen **Anschlussort** handelt, müssen erst die Zeiten und Höhen für den Bezugsort umgewandelt werden, bevor die Berechnung erfolgt. Wenn die Gezeitenhöhe berechnet werden muss, verwendet man die Tidenkurve für den Bezugsort.

Die »Sierra« auf Fahrt... 4

■ **Die »Sierra« auf Fahrt... von Pin Mill nach Brightlingsea**

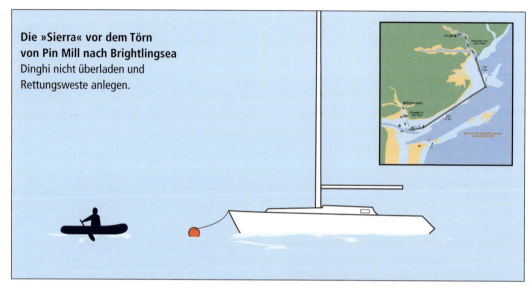

Die »Sierra« vor dem Törn von Pin Mill nach Brightlingsea
Dinghi nicht überladen und Rettungsweste anlegen.

Sicherheitsausrüstung überprüfen und Crew einweisen.
- ▶ Rettungsweste und Gurtzeug
- ▶ Rettungsringe/Rettungsinsel
- ▶ Signalmittel
- ▶ Benutzung des VHF/DSC-Funkgeräts
- ▶ Gasanlage und Feuerlöscher
- ▶ MüB-Verfahren
- ▶ Erste-Hilfe-Ausstattung

Checkliste vor dem Ablegen

1. Seekarten und Navigationsplan an Bord?
2. Motor?
3. Segelkleid abgenommen, Segel bereit zum Aufheißen?
4. Wettervorhersage eingeholt?
5. Treibstoff/Wasser/Gas gebunkert?
6. Alle Luken dicht?
7. Gesamte Ausrüstung verstaut?
8. Crew bereit, Ölzeug/Stiefel/Rettungswesten angelegt?
9. Proviant vorbereitet?
10. Radarreflektor oben?
11. Angehörige/Freunde über Törn informiert?
12. Instrumente eingeschaltet?

DIE »SIERRA« AUF FAHRT...

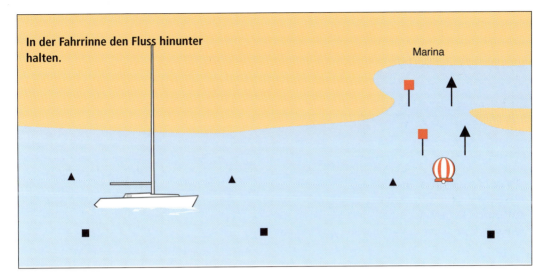

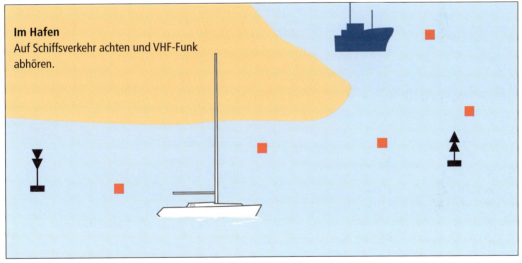

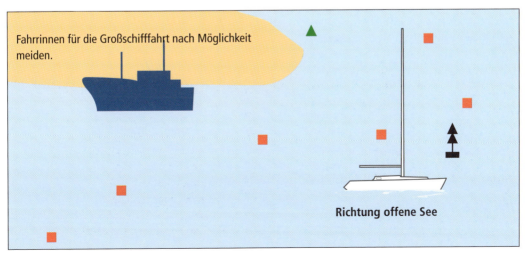

57

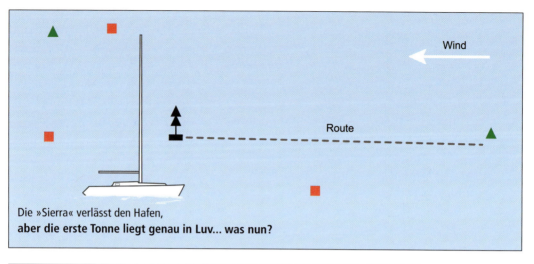

Die »Sierra« verlässt den Hafen,
aber die erste Tonne liegt genau in Luv... was nun?

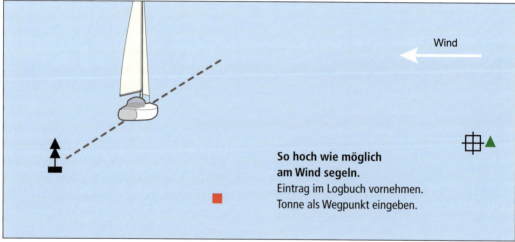

So hoch wie möglich am Wind segeln.
Eintrag im Logbuch vornehmen.
Tonne als Wegpunkt eingeben.

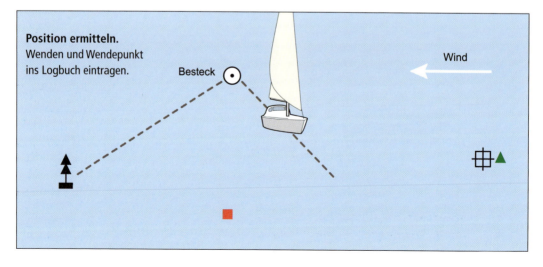

Position ermitteln.
Wenden und Wendepunkt ins Logbuch eintragen.

DIE »SIERRA« AUF FAHRT...

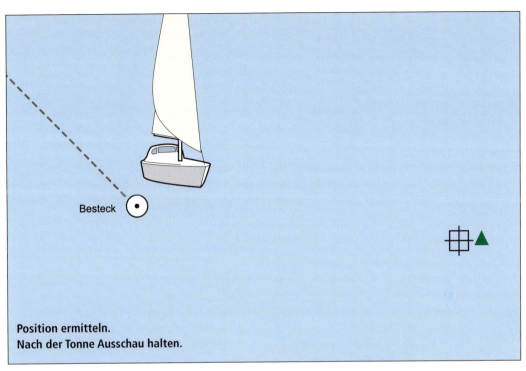

Position ermitteln.
Nach der Tonne Ausschau halten.

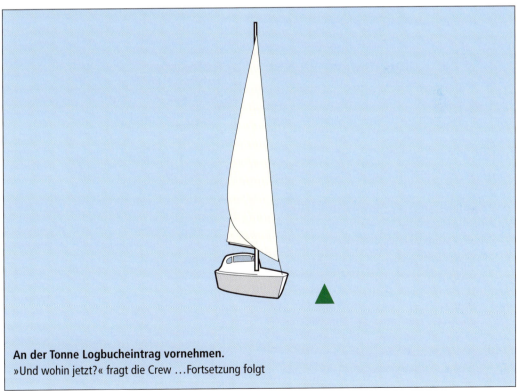

An der Tonne Logbucheintrag vornehmen.
»Und wohin jetzt?« fragt die Crew ...Fortsetzung folgt

Kurs durchs Wasser

■ Kurs durchs Wasser: 1 Grundlagen

Was die Arbeit in der Karte angeht, so ist das Berechnen eines Kurses durchs Wasser der wohl wichtigste und häufigste Teil der Navigation. Ohne Kurs durchs Wasser ist sicheres und effizientes Navigieren nicht möglich.

Die grafische Darstellung ähnelt zwar auf den ersten Blick der eines berichtigten Koppelorts, erfüllt jedoch einen **völlig anderen** Zweck. Die geometrische Ermittlung eines berichtigten Koppelorts ist eine von mehreren Methoden, den Schiffsort festzustellen, d.h., die in der Navigation an erster Stelle stehende Frage »Wo bin ich?« zu beantworten. Weitaus häufiger als über den berichtigten Koppelort (oder andere Methoden) wird die Schiffsposition per GPS ermittelt, weil dieses System schnell und im Allgemeinen zuverlässig arbeitet, aber um die zweite Frage, nämlich »Welcher Weg führt mich zu meinem Ziel?«, zu beantworten, gibt es nur eine Möglichkeit, und das ist der **Kurs durchs Wasser**.

Dieser Kurs ist insofern einzigartig, als er eine Art von **Vorhersage** darstellt, welcher Kurs das Boot zu der gewünschten Position bringt. Er berücksichtigt
▶ den auftretenden Gezeitenstrom,
▶ die voraussichtliche Fahrt und
▶ eine eventuelle Abdrift.

■ So berechnet man einen Kurs durchs Wasser

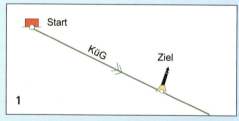

1. **Kurs über Grund in der Karte absetzen.** Da das Boot sich später auf dieser Linie bewegt, darf sie nicht über Gefahrenstellen wie Untiefen oder Felsen führen. Die Linie immer über den Zielpunkt hinaus verlängern, um spätere Fehler zu vermeiden, und mit zwei Pfeilspitzen kennzeichnen.
2. **Abschätzen, wie lange die Fahrt dauern wird.** Hier ist keine absolute Genauigkeit erforderlich; einfach die zurückzulegende Strecke abmessen, durch die durchschnittliche Fahrt teilen und auf die nächste halbe Stunde auf- oder abrunden.
3. **Gezeitenströme berechnen, die in dieser Zeit auf das Boot einwirken.** Hier geht es um Vorausplanung, also müssen die Gezeitenströme in der Zukunft liegen.

	Ⓐ		
-6	180°	0,7	0,3
-5	170°	1,0	0,6
-4	000°	1,8	1,0

KURS DURCHS WASSER

Ein Kurs durchs Wasser wird im Voraus berechnet; er ist eine Form der **Vorausplanung**, bei der die Fahrtrichtung vor dem Ablegen so angepasst wird, dass Gezeitenströme und Abdrift das Boot nicht von der gewünschten Route abbringen. **Ein einfaches GPS-Gerät kann das nicht leisten.** Wenn der Zielort als Wegpunkt in das GPS-Gerät eingegeben worden ist, berechnet das System den Kurs zum Ziel unterwegs immer von neuem, kann dabei aber keinerlei Gezeitenströme berücksichtigen, weil ihm diese Daten nicht vorliegen. Das Boot wird dadurch vom vorgesehenen Kurs abgebracht und gerät möglicherweise in eine gefährliche Situation. GPS ist zwar eine großartige Navigationshilfe, im Wesentlichen aber ein System zur Positionsbestimmung. Wenn der Skipper erst einmal einen Kurs durchs Wasser berechnet hat, leistet das GPS unschätzbare Dienste bei der Prüfung, ob dieser Kurs auch gehalten wird. Ohne die Möglichkeit, eine Peilung zu nehmen, ist das ohne GPS unter Umständen sogar unmöglich. Dass er auf dem falschen Weg ist, stellt der Skipper dann vielleicht nur daran fest, dass das vorgesehene Ziel nicht auftaucht!

Das Prinzip beim Kurs durchs Wasser wird deutlich, wenn ein Boot eine Hafeneinfahrt ansteuert, vor der ein starker Gezeitenstrom von querab setzt. Der erfahrene Rudergänger sieht und fühlt, dass das Boot dadurch versetzt wird, und hält instinktiv gegen (Abb. 47).

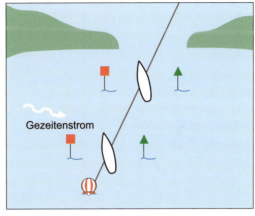

Abb. 47

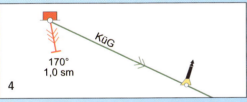

4 Gezeitenströme an der Ausgangsposition absetzen. Ströme in der Richtung einzeichnen, in die sie setzen, und die Linie wie gewohnt mit drei Pfeilspitzen kennzeichnen.

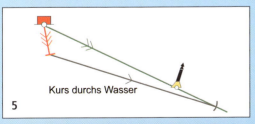

5 Jetzt muss die Wirkung der Fahrt berücksichtigt werden. Dazu nimmt man die durchschnittliche Fahrt durchs Wasser gemäß Anzeige an der Logge. Bei einem 1-Stunden-Diagramm die Strecke für eine Stunde Fahrt in den Zirkel nehmen und vom Endpunkt der Gezeitenstromlinie aus auf der Linie für den Kurs über Grund absetzen. Beide Punkte mit einer Linie verbinden. Diese Linie stellt den Kurs durchs Wasser dar.
Da dieser Kurs in der Karte rechtweisend ist, muss er um die Missweisung berichtigt werden, bevor er dem Rudergänger vorgegeben wird. Dieser letzte Schritt ist besonders wichtig. Die Linie darf keinesfalls vom Endpunkt der Gezeitenstromlinie direkt zum Ziel gezogen werden; das würde zwar nett und sauber aussehen, wäre aber vollkommen falsch.

6 Abdrift bedenken. Wie stark der Wind das Boot in Bezug auf den Kurs über Grund versetzt, muss in die Rechnung einfließen, bevor dem Rudergänger der Kurs durchs Wasser mitgeteilt wird ... mehr dazu später.

Diese Arbeitsabfolge liefert zuverlässige Ergebnisse und ist mit etwas Praxis ganz einfach.

Wenn zu sehen ist, dass eine Änderung des anliegenden Kurses allein nicht ausreicht, erhöht ein erfahrener Rudergänger die Fahrt. Es dürfte klar sein, dass die Fahrt des Bootes eine wichtige Rolle spielt, und zwar besonders, wenn sie zu gering ist, weil sich dann der Versetzungseffekt durch den Gezeitenstrom stärker bemerkbar macht. Diese Änderungen am Steuerkurs und an der Fahrt werden oft nach Augenschein vorgenommen oder indem man sich nach bestimmten Objekten richtet, die in Deckung gebracht werden.

Beim Kurs durchs Wasser handelt es sich eigentlich um nichts Anderes, aber ohne optische Hinweise voraus ist die Wirkung eines Gezeitenstroms nicht zu erkennen und nach Augenschein zu korrigieren. Der Gezeitenstrom muss anhand der Tidenrauten in der Karte oder anhand des Gezeitenatlas' ermittelt werden; dabei ist die **Fahrt des Bootes zu berücksichtigen**.

Die Berechnung eines Kurses durchs Wasser ist im Grunde ganz einfach; sie muss aber frühzeitig erfolgen, bevor das Boot die Position erreicht, an der der Skipper den Kurs ändern will. Denn an dieser Stelle wird die Crew mit Sicherheit fragen, welcher Kurs als nächstes anliegen soll, und dann muss der Skipper eine Antwort parat haben. »Nun, ja, ich weiß nicht genau«, ist bestimmt nicht das, was der Crew Vertrauen einflößt. Ich hörte einmal einen Skipper sagen: »Umrundet mal die Tonne, während ich den Kurs berechne.« Auch das war keine besonders gute Maßnahme!

Ein kurzer Blick auf das fertige Diagramm sollte zudem ausreichen, um zu sehen, wann das Boot etwa den Zielort erreichen wird. Eine grob geschätzte voraussichtliche Ankunftszeit (ETA) reicht in der Regel völlig aus und hat dazu noch ihre nützlichen Seiten. Sie erspart es dem Skipper, sich weit vor der Zeit Sorgen zu machen, und

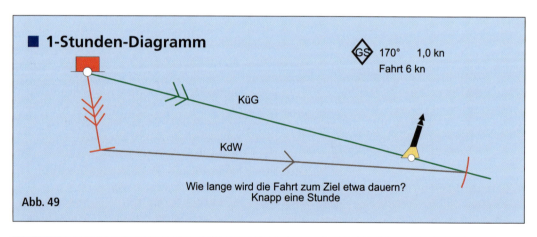

Abb. 49

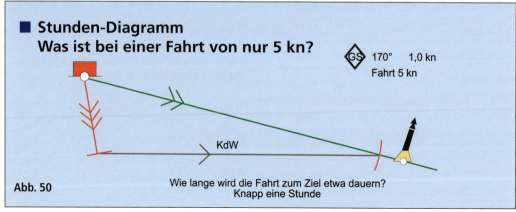

Abb. 50

KURS DURCHS WASSER

gibt ihm die Möglichkeit, in Ruhe eine Tasse Kaffee zu trinken (siehe Abb. 49 und 50)!

Viele Skipper planen ihre Törns unter Einbeziehung der Tonnen entlang der Route. Das geht in Ordnung, solange man daran denkt, dass die Tonnen von ihrer Position laut Karte vertrieben sein könnten. Auch wenn sich eine Tonne als Wegpunkt anbietet, weil der Skipper damit gleich einen Schiffsort bekommt, ist Vorsicht angebracht. Bei schlechter Sicht und bei Nacht könnte das Boot gefährlich nahe an ein ziemlich massives Objekt geraten. Motoryachtskipper legen die Wegpunkte wegen der hohen Geschwindigkeit ihrer Fahrzeuge deshalb nicht genau auf, sondern ein Stück neben die Tonnenposition.

Nun gut, einen Kurs durchs Wasser zu ermitteln ist einfach; mit der hier vorgestellten Abfolge kann nichts schief gehen... aber was ist an den folgenden Diagrammen falsch?

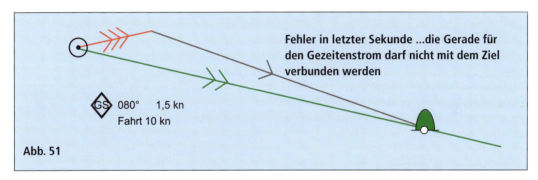

Abb. 51 — Fehler in letzter Sekunde ...die Gerade für den Gezeitenstrom darf nicht mit dem Ziel verbunden werden. GS 080° 1,5 kn, Fahrt 10 kn

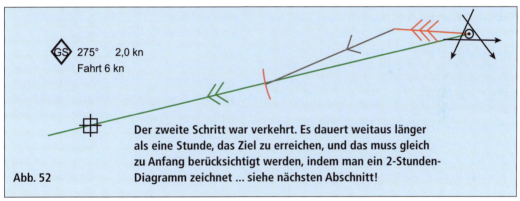

Abb. 52 — Der zweite Schritt war verkehrt. Es dauert weitaus länger als eine Stunde, das Ziel zu erreichen, und das muss gleich zu Anfang berücksichtigt werden, indem man ein 2-Stunden-Diagramm zeichnet ... siehe nächsten Abschnitt! GS 275° 2,0 kn, Fahrt 6 kn

■ Übersicht der Navigationssymbole für die Karte

63

Kurs durchs Wasser: 2
... und einiges mehr

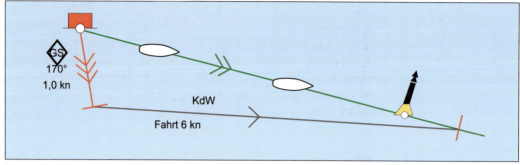

Abb. 53

Mit etwas Praxis ist die Ermittlung eines einfachen Kurses durchs Wasser kein Problem, aber vielleicht sollten wir uns das Grunddiagramm noch einmal anschauen, um zu sehen, was man sonst noch herauslesen kann.

Aus der Zeichnung ist leicht zu entnehmen, wie lange es bis zum Ziel dauern wird (knapp unter einer Stunde), und die Crew kann entsprechend Ausschau halten. Man darf aber nicht erwarten, das Ziel aus größerer Entfernung als 1 oder 2 sm zu sehen, und selbst dann kann es noch passieren, dass ein Objekt, das erst wie eine Kardinaltonne aussieht, sich beim Näherkommen als Yacht mit dunklen Segeln erweist.

Wenn die Tonne in Sicht kommt, meldet sich möglicherweise ein Crewmitglied mit den Worten »Ich sehe die Tonne, Skipper, sie ist dort drüben« und zeigt vielleicht in einem Winkel von zwanzig oder dreißig Grad voraus (wobei der Ton auf eine gewisse Unsicherheit schließen lässt, ob das denn auch wohl richtig ist). Daraufhin kommt vom Rudergänger in dem Bemühen, hilfreich zu sein, die Frage: »Soll ich direkt darauf zu halten?«

Eine Zustimmung könnte sich hier als Fehler erweisen. Wenn man nach der nächsten Tonne Ausschau hält, besteht anscheinend von Natur aus eine gewisse Tendenz, recht voraus zu blicken, zu erwarten, dass diese Tonne sich genau vor dem Bug zeigt. Das ist aber bei quer zur Fahrtrichtung setzender Tide niemals der Fall. Der Zweck einer vorherigen Ermittlung des Kurses durchs Wasser ist es ja gerade, den Gezeitenstrom zu berücksichtigen, der das Boot seitwärts vom gewünschten Kurs über Grund versetzt. Auf dem Kurs durchs Was-

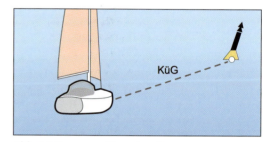

Abb. 54: Tonne an Steuerbord voraus.

ser bewegt sich das Boot daher seitlich »im Krebsgang« auf diesem Kurs über Grund. Ein weiterer Blick auf das Diagramm macht deutlich, ob die Tonne an Backbord oder an Steuerbord zu erwarten ist.

So, wie man als Skipper aus der Tatsache, dass die Tonne nicht recht voraus liegt, nicht voreilig schließen sollte, dass der Kurs durchs Wasser falsch ist, darf man auch nicht annehmen, dass er richtig ist. Annahmen sind grundsätzlich der falsche Weg. Was zählt, sind allein Tatsachen. Es gibt mehrere Möglichkeiten, sich zu vergewissern, dass alles in Ordnung ist:

▶ Wenn eine Tonne der Ausgangspunkt für einen Kurs durchs Wasser ist, sollte diese Tonne von einer Segelyacht aus mindestens fünfzehn bis zwanzig Minuten in Sicht bleiben, sodass der Skipper mit dem Handpeilkompass eine **Rückpeilung** vornehmen kann (Abb. 55). Damit hat er schon mal einen eindeutig feststehenden Punkt. Diese einzelne Peilung ergibt natürlich keinen beobachteten Schiffsort, aber zumindest einen Hinweis, da sie den Gegenkurs

KURS DURCHS WASSER

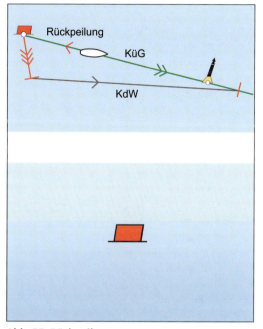

Abb. 55: Rückpeilung

GPS-Anzeige mit Richtung und Entfernung zum Wegpunkt

zum vorgesehenen Kurs über Grund darstellt. Wenn der Gezeitenstrom einen anderen als den vorhergesagten Verlauf nimmt oder das Boot durch andere Einflüsse vom Kurs über Grund abgebracht wird, zeigt die Rückpeilung, ob es nach Steuerbord oder nach Backbord versetzt wird.

▶ Die voraus liegende Nordtonne kann zur Überprüfung als Wegpunkt in das GPS-Gerät eingegeben werden; dabei muss man aber peinlich genau darauf achten, dass Länge und Breite auch stimmen. An diesem Punkt passieren nämlich schnell Fehler. Das GPS ist nicht in der Lage, den Kurs durchs Wasser unter Berücksichtigung von Gezeitenstrom oder Abdrift zu berechnen, sondern zeigt immer nur die Richtung und die Entfernung zum Wegpunkt an.

▶ Die angezeigte Richtung entspricht **nicht** dem berechneten Kurs durchs Wasser, sondern dem Kurs über Grund und sollte mehr oder weniger konstant bleiben und damit einen ausgezeichneten Anhaltspunkt bieten.

▶ GPS-Empfänger besitzen ein weiteres Leistungsmerkmal, das in diesem Zusammenhang hilfreich sein kann. Dabei handelt es sich um die Anzeige der rechtwinkligen Abweichung von der Kurslinie (**Cross Track Error**), kurz als XTE bezeichnet, die angibt, wie weit das Boot von der ursprünglich vom GPS errechneten Richtung zum Wegpunkt abgekommen ist. Die Anzeige erfolgt in Zehntel Seemeilen. Bei perfekt eingehaltenem Kurs ist der XTE null, wobei man realistischerweise davon ausgehen sollte, dass er extrem klein ist, wenn alles seine Ordnung hat (Abb. 56).

▶ Sobald die Zieltonne in Sicht kommt und eindeutig identifiziert ist, lässt sich leicht feststellen, ob der Kurs stimmt. Man peilt die Tonne mit dem Handpeilkompass, und die (mit der Missweisung beschickte) Peilung muss dem Kurs über Grund entsprechen. Alternativ kann man die Tonne auch mehrfach peilen. Wenn die Peilung »steht«, d.h., die Werte konstant bleiben, bewegt sich das Boot genau auf die Tonne zu.

■ Der »Cross Track Error«

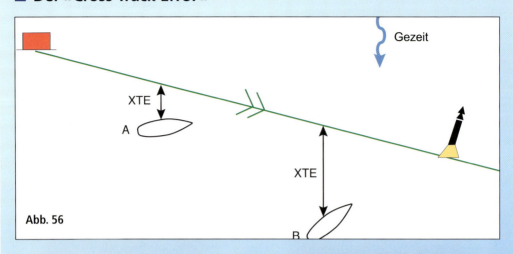

Abb. 56

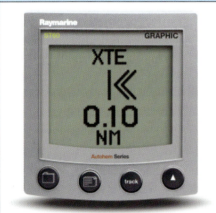

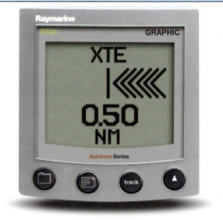

An Position A zeigt das GPS einen XTE von 0,1 sm und empfiehlt, den Kurs nach Backbord zu ändern. Aber das Boot wird weiter vom Kurs abgebracht, sodass der XTE an Position B schon 0,5 sm beträgt.

Abdrift

Wenn ein Kurs nicht wie gewünscht zum Ziel führt, wird das Boot möglicherweise vom Wind abgetrieben. Beim Kurs durchs Wasser taucht diese **Abdrift** nirgendwo in der Zeichnung in der Karte auf. **Nachdem** der Kurs berechnet worden ist, muss man die Windstärke und den wahrscheinlichen Betrag der Abdrift schätzen. Anschließend muss der Rudergänger um die zusätzlichen 5°, 10° oder mehr **anluven**, damit der Wind das Boot nicht von dem gewünschten Kurs über Grund abbringt (Abb. 57).

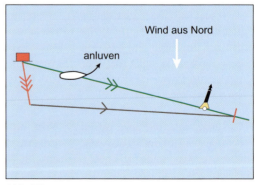

Abb. 57

KURS DURCHS WASSER

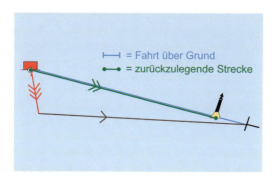

Voraussichtliche Ankunftszeit (ETA)

▶ Im ersten Abschnitt haben wir gesehen, dass mit einem Blick auf das Diagramm leicht festzustellen ist, ob es mehr oder weniger als eine Stunde dauert, um zur Zieltonne zu gelangen. Bei Bedarf kann der Skipper aber auch auf präzisere Angaben zurückgreifen, die er anhand des Diagramms und - bei Eingabe des Ziels als Wegpunkt - mittels GPS ermitteln kann.

▶ Aus dem Diagramm (Abb. 58) die zurückzulegende Strecke und die Fahrt über Grund entnehmen

> Zurückzulegende Strecke/Fahrt über Grund x 60 = Zeit zum Ziel
> Aktuelle Uhrzeit + Zeit zum Ziel = voraussichtl. Ankunftszeit (ETA)

▶ Das GPS berechnet die Fahrtzeit (TTG) zum Wegpunkt. Da das System alle paar Sekunden den Schiffsort neu bestimmt, wird auch diese Zeit aktualisiert, sodass die GPS-Anzeige immer stimmt!

Kurs durchs Wasser für mehr oder weniger als eine Stunde

Wenn schon bei der Planung eines Kurses durchs Wasser deutlich wird, dass die Fahrt keine Stunde dauern wird, muss das Diagramm entsprechend angepasst werden. Bei einem schnellen Boot arbeitet man dann vielleicht besser mit einem Halbstundendiagramm unter Verwendung der halben Strom- und Bootsgeschwindigkeit. Im Falle eines Diagramms für weniger als eine Stunde ändert sich das Ergebnis nicht, solange das richtige Verhältnis zwischen der Geschwindigkeit des Gezeitenstroms und der Fahrt des Bootes gewahrt bleibt (siehe Abb. 59).

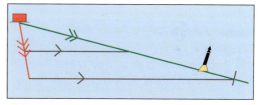

Abb. 59: Für ein Halbstundendiagramm nimmt man jeweils den halben Gezeitenstrom und die halbe Fahrt

Wenn abzusehen ist, dass es weit länger als eine Stunde bis zum Ziel dauern wird, muss man **den gesamten Gezeitenstrom zu Beginn abtragen** (Abb. 60). Welche Gezeitenströme auf dem Kurs über Grund auftreten, kann man dem Gezeitenatlas entnehmen. Alle Gezeitenströme zu Beginn abzutragen, ist effizienter, weil das Boot dann eine kürzere Strecke zurückzulegen hat, als wenn dauernd der Kurs geändert wird. Da das Boot dabei aber in Bezug auf den Kurs über Grund versetzt wird, muss der Skipper vorher prüfen, ob dieser Kurs auch sicher ist.

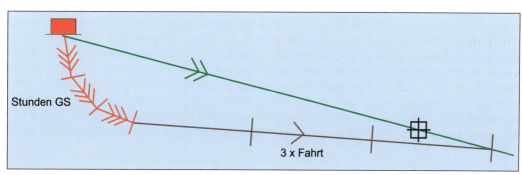

Abb. 60

67

Revierfahrten

■ Revierfahrt: 1
Das Betonnungssystem

Alle Crewmitglieder müssen mit dem geltenden Betonnungssystem vertraut sein. Ob es sich um IALA-Region A oder B handelt, geht aus der Karte hervor. Die International Association of Lighthouse Authorities, abgekürzt IALA, legt weltweit die Systeme und Normen fest. Die USA und nahe gelegene Länder gehören zur Region B, der Rest der Welt zu Region A.

Tonnen werden in der Karte als stark verkleinerte Abbilder ihrer selbst wiedergegeben, größere Feuer und Leuchttürme werden als Sterne und Baken als Kombination aus beiden dargestellt.

Der magentafarbene Tropfen neben dem Bild zeigt an, dass die Tonne befeuert ist. Kein Tropfen heißt kein Feuer. Die Richtung, in die der Tropfen weist, ist ohne Bedeutung. Neben befeuerten Tonnen und Baken sowie Leuchttürmen stehen in abgekürzter Form die Details des Feuers.
Deren Reihenfolge lautet:
▶ Kennung
▶ Anzahl der Lichterscheinungen
▶ Farbe; ohne Farbangabe handelt es sich um ein weißes Feuer
▶ Wiederkehr, d.h., die Zeit für einen Zyklus
▶ Höhe des Feuers in Metern über MSpHW bei Baken und Leuchttürmen
▶ Nenntragweite in Seemeilen. Dieser Wert bedeutet nicht, dass das Feuer von der Brücke oder aus dem Cockpit auf diese Entfernung zu sehen ist. Wie weit ein Feuer sichtbar ist, ist abhängig von seiner Höhe und Helligkeit, von der Augenhöhe des Betrachters und von den Wetterbedingungen. Die Nenntragweite ist ein Hinweis auf die Helligkeit eines Feuers.

Die Liste möglicher Kennungen ist ziemlich lang.

F. steht für ein Festfeuer, d.h., eine Lichterscheinung von gleich bleibender Stärke ohne Unterbrechung. Solche Feuer sind am häufigsten zu finden am Ende von Piers und anderen Anlegern, z.B. **2F.r.(skr.)** oder **2F.g.(skr.)**, d.h., 2 rote oder grüne Festfeuer senkrecht übereinander. Wichtig ist, dass man diese Feuer von den Blink- oder Blitzfeuern auf Tonnen oder Baken unterscheidet. Oft bietet es sich bei Sportbooten in Revieren mit starkem Schiffsverkehr an, ein Tonne auf der »falschen« Seite zu passieren, wenn das Wasser tief genug ist, um sich aus der Berufsschifffahrt herauszuhalten. Das ist bei einem Objekt mit Festfeuer natürlich nicht anzuraten, weil das Feuer sich an Land befindet!

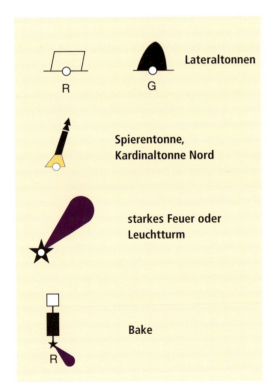

Abb. 61

REVIERFAHRTEN

Blz. bedeutet Blitzfeuer, z.B. Blz.(2) mit der Anzahl der Blitze in Klammern.
Blk. heißt Blinkfeuer.
Fkl. steht für Funkelfeuer und **SFkl.** für schnelles Funkelfeuer.
Glt. ist ein Gleichtaktfeuer mit gleich langer Dauer von Schein und Unterbrechung.
Ubr. bedeutet unterbrochenes Feuer. Das entspricht etwa einem umgekehrten Blitzfeuer. Bei einem Blitzfeuer ist das Licht eigentlich ausgeschaltet und wird dann für einen kurzen Augenblick eingeschaltet. Bei einem unterbrochenen Feuer hingegen ist die Scheindauer länger als die Dauer der Dunkelheit. Die Beschreibung als »verdunkelter Blitz« ist vielleicht gar nicht so schlecht!
Mo. steht für ein Morsefeuer, z.B. Mo.(A) oder Mo.(U).

Die Farben werden mit selbsterklärenden Abkürzungen angezeigt:
r. ... Rot
gn. ... Grün
g. ... Gelb

Neben diesen häufigsten Farbangaben finden sich unter anderem noch **bl.** für Blau und **or.** für Orange. Dieselben Farbbezeichnungen stehen unter der Tonne oder Bake und verweisen auf die Farbe des Objekts.
Alls das wird in der gegebenen Reihenfolge zusammengestellt und am Ende um die Gesamtdauer in Sekunden ergänzt, beispielsweise 5s oder 10s. Diese Gesamtdauer ist der Zeitraum bis zur Wiederholung der Sequenz, also die so genannte Wiederkehr, nicht die Zeit der Dunkelheit.

Hier ein paar Beispiele zum Üben (Lösungen am Ende des Kapitels):
a) Blz.(2)20s12m24sm auf einem Feuerschiff
b) SFkl.(6) + Blk.10s
Mo.(U)15s2m3sm auf einer Bake
d) Blz.g.2,5s
e) Glt.10s
f) Ubr.(2)w/r.15s10m18sm auf einem Leuchtturm, bei dem der Sichtbarkeitssektor des roten und weißen Feuers auf der Karte eingezeichnet ist. Sichtbarkeitssektoren sind die Bereiche, in denen das Feuer zu sehen ist. Sie sind in der Karte verzeichnet und dienen dazu, Schiffe in enge Hafeneinfahrten zu leiten oder vor Gefahrenstellen zu schützen (siehe Abb. 62).

Kennungen, die sich nicht entziffern lassen, sind in der Karte 1, Zeichen, Abkürzungen und Begriffe in deutschen Seekarten, zu finden.

Arten von Tonnen und Baken

Generell unterscheidet man zwischen drei Arten, nämlich

▶ roten und grünen **Lateralzeichen**
▶ schwarzgelben **Kardinalzeichen**

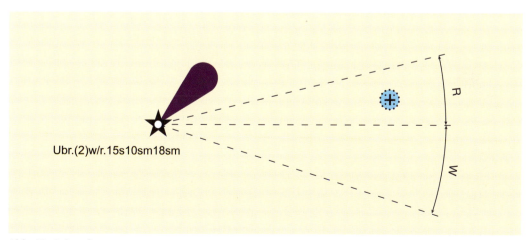

Abb. 62: Sektorfeuer

69

▶ bei Bedarf verwendeten **sonstigen Zeichen**, darunter gelbe **Spezialtonnen**, rotweiße **Mitte-Fahrwasser-Tonnen** und rotschwarze **Einzelgefahr-Tonnen**

Lateralzeichen

Diese Zeichen markieren das Fahrwasser und zeigen, wo es am tiefsten ist, was aber nicht heißt, dass die Wassertiefe in jedem Stadium der Tide ausreicht.

Fahrrinnen für die Großschifffahrt können so tief sein, dass Sportboote auch unmittelbar außerhalb des Fahrwassers auf der sicheren Seite sind. In manchen Kleinhäfen ist das sogar vorgeschrieben. Die Details sind in dem entsprechenden Hafenhandbuch zu finden. Lateralzeichen werden oft auch als Backbord- oder Steuerbordtonnen bezeichnet, aber das trifft es nicht genau. Ob sie an Backbord oder Steuerbord bleiben müssen, hängt davon ab, ob das Boot ein- oder ausläuft und ob man sich knapp innerhalb oder knapp außerhalb des Fahrwassers halten will. Besser wäre es deshalb, sie als rote und grüne Tonnen zu bezeichnen. **In der IALA-Region A müssen, von See kommend, rote Tonnen an Backbord und grüne Tonnen an Steuerbord bleiben, wenn man im markierten Fahrwasser bleiben will (Abb. 63).**

Die Befeuerung roter und grüner Tonnen kann man sich leicht merken. Alle roten Tonnen haben rotes und alle grünen Tonnen grünes Feuer.

Sehr kleine Fahrrinnen sind teilweise durch Pricken – in den Schlick oder Sand gesteckte Stangen mit einer Art Besen als Toppzeichen – oder durch kleine, von Yachtclubs ausgelegte Bojen gekennzeichnet.

Kardinalzeichen

Die viel verwendete Zeichnung mit den vier Kardinaltonnen könnte den Eindruck erwecken, dass jede Gefahrenstelle von Tonnen umgeben ist, aber das entspricht nicht der Realität. So können vor einer mehrere Meilen langen Sandbank durch nur zwei oder drei Tonnen liegen. Um nicht auf verborgene Gefahrenstellen aufzulaufen, muss man gut navigieren und nicht nur auf die Betonnung achten.

Die Kardinaltonnen weisen in Form, Farbe und Befeuerung eine bestimmte Logik auf, die man sich einfach aneignen kann.

Sie sind nach den Haupthimmelsrichtungen benannt und geben dem Rudergänger damit einen Hinweis, auf welcher Seite der Gefahrenstelle sie liegen. **Eine Nordtonne ist daher im Norden, eine Südtonne**

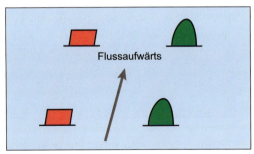

Abb. 63

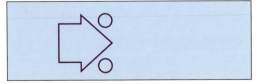

Abb. 64: Zeichen für die allgemeine Betonnungsrichtung in der Karte

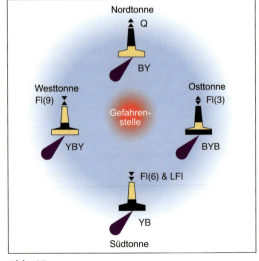

Abb. 65

REVIERFAHRTEN

im Süden usw. zu passieren. Die Form des Toppzeichens ist meistens am leichtesten zu erlernen, weil es bei der Nordtonne nach oben und bei der Südtonne nach unten zeigt, während es bei der Osttonne wie ein O aussieht und der rechte Teil bei der Westtonne in der Seitenansicht einem um neunzig Grad gedrehten W ähnelt. Leider kann man die Toppzeichen zwar leicht erlernen, aber auf größere Entfernung nicht unbedingt erkennen, sodass man sich auch mit der Farbgebung befassen muss. Das ist einfacher, wenn man sich das Schema merkt: Das Schwarz an der Tonne richtet sich nach den Spitzen des Toppzeichens. So zeigen beispielsweise bei der Nordtonne die Spitzen nach oben, und die oberste Farbe ist Schwarz. Das funktioniert bei allen Tonnen.

Anschließend muss man sich noch mit der Befeuerung befassen. Die Farbe ist klar, wenn man weiß, dass alle roten Tonnen rot, alle grünen Tonnen grün und alle gelben Tonnen gelb befeuert sind. Alle anderen haben weißes Feuer. Die Zahl der Blitze gilt für alle Kardinaltonnen; im Norden blitzt es einmal, im Osten dreimal, im Süden sechsmal (mit einem zusätzlichen Blinkzeichen) und im Westen neunmal – eine Einteilung wie beim Zifferblatt einer Uhr.

Sonstige Zeichen

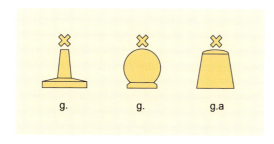

Die **Spezialtonne** ist gelb und für die Navigation ohne Bedeutung. Spezialzeichen dienen beispielsweise als Wendemarken bei Regatten, zur Abgrenzung von Wasserskigebieten und Ankerplätzen und für andere allgemeine Zwecke. Ihre Form kann variieren, ihre Befeuerung, sofern vorhanden, ist immer gelb.

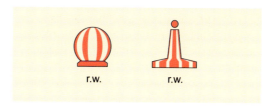

Mitte-Fahrwasser-Zeichen dienen dazu, den Anfang eines betonnten Fahrwassers zu markieren; sie sind an senkrechten rotweißen Streifen zu erkennen. Sie haben ein weißes Feuer mit der Kennung Blk., Ubr., Glt. oder Mo.(a).

Das **Einzelgefahren-Zeichen** weist auf eine von Tiefwasser umgebene Gefahrenstelle hin. Es ist horizontal rot-schwarz gestreift und trägt ein weißes Feuer mit der Kennung Blz.(2). Man braucht nur einen Blick auf das Toppzeichen zu werfen, um sich die Kennung zu merken.

Lösungen:
a) Zwei Blitze in 20 Sekunden. Das Feuer befindet sich 12 m über MSpHW und hat eine Nenntragweite von 24 sm.
b) Das ist eine Südtonne. Sie hat ein weißes schnelles Funkelfeuer (sechs Mal), gefolgt von einer Blinkerscheinung. Die Wiederkehr beträgt 10 s.
c) Ein weißes Feuer mit dem Morsebuchstaben U, d.h., ...-, alle 15 Sekunden. Die Bake befindet sich 2 m über MSpHW und hat eine Nenntragweite von 3 sm.
d) Eine gelbe Tonne mit gelbem Feuer alle 2,5 Sekunden.
e) Ein weißes Gleichtaktfeuer alle 10 Sekunden, dann je 5 Sekunden ein und aus.
f) Je nach Sektor ein rotes oder weißes Feuer, das in 15 s zweimal erlischt. Das Feuer befindet sich 10 m über MSpHW und hat eine Nenntragweite von 18 sm.

■ Revierfahrt: 2
Der Plan

Die Revierfahrt ist etwas ganz anderes als die Navigation auf hoher See, weil sie zum großen Teil auf Sicht erfolgt. In Flüssen und anderen Revieren, die man gut kennt, ist das alles kein Problem; man weiß, wo man ist, und kennt die Gefahrenstellen, die eigentlich gar keine mehr sind, eben weil man sie kennt. In einem neuen Revier darf man die Schwierigkeiten aber besonders nachts keinesfalls unterschätzen. Das ist so, als wenn man von der Autobahn abfährt und in eine Stadt kommt, in der man noch nie gewesen ist: Zu viele Verkehrszeichen, zu viele Seitenstraßen, zu viele Entscheidungen zu treffen ... und schon hat man sich verfahren!

Die Revierfahrt ist der Teil des Törns, bei dem das Boot auf beschränktem Raum manövrieren muss, bei dem mit Flachwasser zu rechnen ist und bei dem möglicherweise gefährliche Unterwasserfelsen zu berücksichtigen sind. Entscheidungen müssen schnell getroffen werden, und das unter Umständen nach einem langen und anstrengenden Tag auf See. Detailliertes Navigieren am Kartentisch geht nicht schnell genug, und außerdem würde der Skipper dann an Deck fehlen. Er muss aber dort präsent sein, nicht um zu steuern, sondern um den Überblick zu behalten, was mit seinem Boot passiert. Da er keine Zeit hat, die GPS-Daten in die Karte einzuzeichnen oder ein Besteck zu nehmen, und kaum länger als einen kurzen Moment in die Karte schauen kann, muss er sich vorher einen Plan zurechtlegen.

Dabei ist folgendes zu berücksichtigen:
▶ Je mehr Leute an Bord sind, die die verschiedenen Tonnen sowohl anhand des Feuers als auch anhand von Form und Farbe identifizieren können, desto leichter wird es. Bei Nacht sind Tonnen wegen der Lichter im Hintergrund oft schwer zu sehen; deshalb **muss die gesamte Crew mithelfen**.
▶ Es muss eine **detaillierte Karte** mit der aktuellen Betonnung an Bord sein.
▶ Wenn die nächste Tonne schlecht zu sehen ist, braucht der Rudergänger möglicherweise einen **Steuerkurs**. Er muss wissen, auf welcher Seite er die Tonne passieren soll und welche Wirkung der Gezeitenstrom auf das Boot hat. Nachts muss er außerdem wissen, wie weit die nächste Tonne entfernt ist – aber nur die nächste und nicht die übernächste oder gar dritte Tonne voraus. Es ist schwer, sich viele Einzelheiten zu merken, und zwar besonders, wenn man keinen Blick in die Karte geworfen hat.
▶ Alle Vorgänge an Bord müssen möglichst einfach gehalten werden, Segelyachten sollten motoren.
▶ Das **nautische Jahrbuch** enthält in der Regel die aktuellsten Informationen einschließlich lokaler Bestimmungen und Hafeneinfahrtssignale, weil es jedes Jahr neu aufgelegt wird.
▶ Den VHF-Kanal für den Hafen abhören, um über Schiffsbewegungen informiert zu sein. Prüfen, ob über Funk eine Einfahrtserlaubnis einzuholen ist.
▶ Das örtliche **Segelhandbuch** gibt Hinweise zu Marinas, Muringbojen und Ankerplätzen, teilweise ergänzt durch Fotos oder Luftbilder der beschriebenen Objekte.
▶ **Wassertiefe** beachten. Unter Umständen ist die Einfahrt in den Fluss, den Hafen oder die Marina nicht bei allen Gezeitenphasen möglich.
▶ Für den Fall, dass man zu früh oder zu spät eintrifft oder dass es für die Einfahrt zu dunkel oder zu rau ist, muss ein Notfallplan vorliegen.
▶ Sind genügend **befeuerte Tonnen** vorhanden, um bei Dunkelheit sicher navigieren zu können? Unbefeuerte Tonnen könnten zur Gefahr werden.
▶ Auf die **Fahrt** über Grund achten. Tagsüber kann das durch Beobachtung geschehen, nachts ist das GPS dabei besonders nützlich. Bei Dunkelheit vergisst man leicht die Wirkung des Gezeitenstroms. Möglicherweise macht das Boot viel mehr Fahrt, als die Logge anzeigt. Wenn es hingegen zu langsam ist, macht sich eine quer zur Fahrtrichtung setzende Tide stärker bemerkbar.
▶ Was macht der **Gezeitenstrom**? Er kann nicht nur die Fahrt über Grund beschleunigen oder verlangsamen, sondern auch seitlich auf das Boot einwirken und es in Richtung Flachwasser versetzen.
▶ **Handpeilkompass** bereithalten und anhand von Rückpeilungen und Gefahrengrenzen prüfen, ob das Boot sich an einer ungefährlichen Position befindet.
▶ Das **Echolot** und seine **Alarmeinstellunge**n können für Flach- und Tiefwasser sehr nützlich sein,

REVIERFAHRTEN

zumal es unmöglich ist, die ganze Zeit die Anzeige im Auge zu behalten. Besonders nachts in einer betonnten Fahrrinne sollte der Flachwasseralarm so hoch eingestellt werden, dass er gerade nicht ausgelöst wird. So wird man frühzeitig gewarnt, wenn das Boot aus der Fahrrinne zu geraten droht – das ist wie bei den quer gerippten Fahrbahnranderhöhungen an manchen Autobahnen. Diese Erhöhungen warnen den Fahrer, dass er auf den befestigten Seitenstreifen abgekommen ist, bevor er im Graben landet. Der Alarm darf nicht auf 2,0 m eingestellt werden, weil es dann zu spät sein könnte, wenn er ertönt, sondern muss so hoch gewählt werden, dass er frühzeitig warnt.

▶ Der Tiefwasseralarm kann dazu verwendet werden, vor einem Abdriften in die Tiefwasserrinne zu warnen. In einem Handelshafen mit starkem Schiffsverkehr hält man sich (wenn möglich) am besten von dieser Fahrrinne frei, wenn das nicht sogar vorgeschrieben ist.

▶ **Route vorplanen.** Damit der Plan brauchbar ist, muss er alle Tonnen und Feuer umfassen, nach denen Ausschau zu halten ist, und von einem guten **Startpunkt** ausgehen. Manche Häfen haben in der Ansteuerung eine Mitte-Fahrwasser-Tonne, die sich als Startpunkt anbietet; wenn eine solche Tonne fehlt, muss man sich selbst einen Startpunkt suchen. Schließlich muss man ja wissen, wo man sich befindet, wenn es losgeht.

▶ Es geht in Ordnung, wenn man den Tonnen folgt, aber nur einer nach der anderen und unter der Voraussetzung, dass man nicht einfach davon ausgeht, dass die nächste Tonne in der Ferne auch die ist, nach der man sucht. Man muss den Kurs von einer zur nächsten kennen und darauf achten, keine auszulassen und irrtümlicherweise eine Abkürzung zu nehmen.

▶ Bei Dunkelheit verringert jede zusätzliche Leuchte das Nachtsehvermögen. Die Instrumente an Deck und der Kartentisch müssen beleuchtet sein, aber ihr Licht darf nicht blenden.

▶ Um den Plan an Deck zu lesen, braucht man möglicherweise eine kleine Taschenlampe. Die Crew muss aber darauf hingewiesen werden, dass andere Leuchten verboten sind.

▶ Decksstrahler dürfen nur bei absoluter Notwendigkeit eingeschaltet werden, weil sie stark blenden.

Es gibt eine oder zwei schnelle Navigationstechniken, die in der Revierfahrt, bei der es ja auf Einfachheit und Schnelligkeit ankommt, besonders nützlich sind.

Deckpeilungen und Richt(feuer)linien

In kleinen Flüssen und Häfen findet man teilweise Stangen, andere Zeichen oder Feuer, die als Deckpeilungen dienen können und eine Richt(feuer)linie darstellen. Sie sind meistens in der Karte verzeichnet oder werden im entsprechenden Segelhandbuch beschrieben. Im Segelhandbuch findet man möglicherweise sogar ein Foto. Wenn die beiden Objekte oder Feuer achtern oder voraus in Linie stehen, befindet sich das Boot auf der Richt(feuer)linie.

Abb. 66

Auf die gleiche Weise kann man ein Objekt, etwa die nächste Tonne, mit dem Hintergrund in Linie bringen. Wenn man das Boot auf einen Kurs bringt, auf dem der Hintergrund des Objekts stationär bleibt, hat man eine Deckpeilung (siehe Abb. 67).

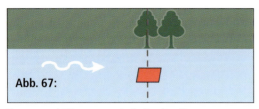

Abb. 67:

Tonne und Hintergrund als Deckpeilung

Rückpeilungen

Eine Rückpeilung ist besonders bei quer setzender Tide sehr nützlich. Sie zeigt, ob das Boot auf Kurs oder nach links oder rechts versetzt ist. Man sollte sich allerdings schon vorher überlegen, in welche Richtung man bei einer Versetzung abdrehen muss.

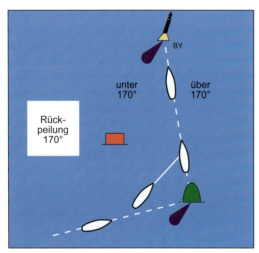

Abb. 68

Problem:
Die Einfahrt in den Hafen ist bei Tageslicht ganz einfach, aber nachts muss man auf zwei Gefahren achten:
1. Man kommt der grünen Tonne, dem Wendepunkt für die Einfahrt in den Hafen, zu nahe.
2. Man dreht zu früh ab, um nicht auf die grüne Tonne aufzulaufen, und kollidiert mit der unbefeuerten roten Tonne, die nahe am vorgesehenen Kurs liegt.

Lösung:
Frühzeitig abdrehen, um nicht auf die grüne Tonne aufzulaufen. Tonne wiederholt peilen, um sicherzugehen, dass keine Kollisionsgefahr besteht. Wenn die Peilung 170° beträgt, auf den neuen Kurs abdrehen. Rückpeilung prüfen: Bei mehr als 170° nach Backbord abdrehen, unter 170° nach Steuerbord.

GPS-Wegpunkt

Auf ähnliche Weise kann man mit einem Wegpunkt in der Flussmündung und dem Cross Track Error arbeiten. Dazu zeichnet man Kurs, Entfernung und XTE in Form einer Leiter ein (Abb. 69). In diesem Fall wird kein in der Karte verzeichnetes Objekt zum Peilen benötigt.

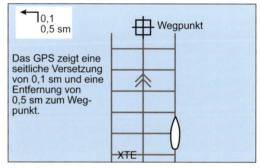

Abb. 69

Wegpunktspinne

Um dieses Schema in die Karte einzuzeichnen, braucht man etwas Zeit, aber dafür erkennt man daraus sofort die ungefähre Position (Abb. 70).

Auf eine laminierte Karte gezeichnet, ermöglicht diese Wegpunktspinne ein schnelles Navigieren an Deck.

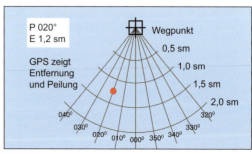

Abb. 70

REVIERFAHRTEN

Gefahrengrenzen

Mit Hilfe von Gefahrengrenzen kann man das Boot von verborgenen Gefahrenstellen freihalten. Die Linien werden so eingezeichnet, dass sie die sichere Seite oder den sicheren Sektor eingrenzen, und der Skipper kann dann anhand von Peilungen feststellen, ob sein Boot die Linien überquert hat oder nicht.

Um im sicheren Sektor zu bleiben, darf die Peilung der roten Tonne in Abb. 71
▸ nicht größer sein als 020° und
▸ nicht kleiner sein als 340°.

Abb. 71

Der Plan

Der Plan kann in Form einer Liste, einer »Tourenkarte« oder einer Skizze vorliegen – wie es dem Skipper gefällt. Mit allen Formen lässt sich erfolgreich arbeiten. Im Falle der Skizze muss man jedoch auf Maßstab und Richtungen achten, um keine falschen Eindrücke aufkommen zu lassen.

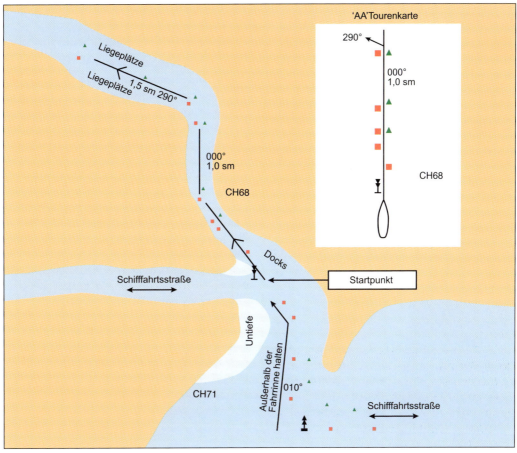

Abb. 72

Törnplanung

■ Törnplanung: 1
   Die Bestimmungen

Zum Glück brauchen Wassersportler nicht viele Bestimmungen zu kennen, aber einige gilt es doch zu beachten:

▶ Wenn ein VHF/DSC-Funkgerät oder sonst ein VHF-Gerät an Bord ist, muss eine **Funkbetriebserlaubnis** vorhanden sein. Mit dieser Erlaubnis erhält das Boot ein internationales Rufzeichen und eine Seefunkdienstrufnummer (MMSI), die in das VHF/DSC-Gerät einprogrammiert wird.

▶ Zusätzlich muss mindestens ein Crewmitglied das entsprechende Zeugnis besitzen, und zwar entweder das alte UKW-Sprechfunkzeugnis im Falle eines einfachen VHF-Sendeempfängers oder das beschränkt gültige Funkbetriebszeugnis (SRC), wenn es sich um ein VHF/DSC-Gerät handelt. In der Realität ist es natürlich sinnvoll, wenn alle Crewmitglieder den Umgang mit dem Funkgerät sowohl im normalen Betrieb als auch im Notfall beherrschen. Zur Sicherheit empfiehlt es sich, eine Karte mit dem Notrufverfahren neben dem Funkgerät anzubringen. Kurse in Funksprechverfahren werden von vielen Wassersportschulen, Volkshochschulen u.ä. angeboten; im Anschluss kann man dort auch die Prüfung für das SRC ablegen.

Weitere Informationen finden sich in entsprechenden Büchern.

▶ Die im Juli 2002 in Kraft getretenen Solas-V-Bestimmungen betreffen alle Bootssportler unabhängig von der Größe der Motor- oder Segelyacht. Diese Bestimmungen sind Teil von Kap. V des Internationalen Schiffssicherheitsvertrages (International Convention for the Safety of Life at Sea, Solas) und betreffen überwiegend große Handelsschiffe.

Sie wirken sich auf die Törnplanung und die Sicherheit aus.

1 Törnplanung

Die Regeln besagen, dass jeder Törn im Voraus geplant werden soll. Dieser Plan braucht **nicht** schriftlich festgehalten und den Behörden vorgelegt zu werden, aber als Skipper sollte man vor dem Auslaufen schon folgendes bedenken:

Wetter. Wettervorhersage einholen und bei längeren Törns regelmäßig über den neuesten Stand informieren. Bei Tages- oder Wochenendtörns ist das relativ einfach. Fernsehen, Radio und Internet bieten gute Informationsmöglichkeiten, und in vielen Marinas hängt die lokale Wettervorhersage am schwarzen Brett. Am einfachsten ist es, auf Kanal 16 eine Wettervorhersage zu bekommen, die von den Küstenfunkstellen zu bestimmten Zeiten oder auf Anfrage gesendet wird. Seewettervorhersagen für größere Gebiete erhält man über einen Navtex-Empfänger.

Gezeiten. Der Törnverlauf muss an die Gezeiten angepasst werden. Das bedeutet, dass man für das Ein- und Auslaufen die Gezeitenhöhen berücksichtigt und überlegt, wann die Gezeitenströme am günstigsten sind.

TÖRNPLANUNG

Bootsbedingte Einschränkungen. Boot und Ausrüstung müssen für den geplanten Törn geeignet sein. Wie rau die Fahrt wird, ist abhängig von der Windstärke, der Entfernung zur schützenden Küste, der Wassertiefe und der Zeitdauer, in der die Windrichtung unverändert geblieben ist. Die Wind- und Seebedingungen wirken sich natürlich auf jedes Boot anders aus. Wind mit 4 oder 5 Bft. macht sich auf einem 6-m-Boot ganz anders bemerkbar als auf einer 15-m-Yacht. Auch Form und Art des Fahrzeugs und der Kurs zum Wind spielen eine große Rolle.

Können der Crew … und des Skippers. Der Plan muss für Skipper und Crew problemlos realisierbar sein. Sie sollen den Törn genießen können und ihn nicht nur überleben. Törns, die zu lang sind oder auf denen die Crewmitglieder krank werden, schüren nicht unbedingt Begeisterung für das nächste Mal! Je nach Bedarf müssen warme, wasserdichte Bekleidung oder Sonnenschutzcreme und Kopfbedeckungen an Bord genommen werden. Proviant muss reichlich vorhanden, leicht zugänglich und für die Wetterbedingungen geeignet sein. Als Skipper muss man gegenüber der Crew immer mit offenen Karten spielen. Wenn es möglicherweise etwas stürmisch wird, sagt man das auch und erklärt, wie lange es dauern wird und welche Maßnahmen man getroffen hat, damit nichts passiert.

Nicht nur die Crew, sondern auch der Skipper muss den Anforderungen gewachsen sein. Er muss ehrlich zu sich selbst sein und darf sich nicht zu einem Törn drängen lassen, weil er irgendwann einmal zugesagt hat. Wenn ihm die Wettervorhersage nicht gefällt oder wenn er aus anderen Gründen nicht bereit ist, muss er den Törn absagen. Andererseits kann er sich aber auch gut vorbereiten, auslaufen und sich einen Überblick verschaffen, um dann, wenn die Bedingungen sich als widrig erweisen, umzukehren und einen gemütlichen Abend an Land zu verbringen. Bei einem Wochenendtörn ist noch darauf zu achten, dass auch für den zweiten Tag eine Wettervorhersage einzuholen ist, weil alle Törnteilnehmer dann vermutlich wieder zurück sein müssen.

Gefahrenstellen. Es muss sichergestellt sein, dass potentielle Gefahren im Plan berücksichtigt sind. Dazu gehören unter anderem Unterwasserklippen und Sandbänke, Großschiffe und Fischereifahrzeuge, Bereiche mit hohem Seegang oder Sturzseen, Schießplätze oder Uboot-Übungsgebiete der Marine und Hauptschifffahrtsstraßen.

Alternativplan. Ein Notfallplan gehört immer dazu. Was ist zu tun, wenn sich das Wetter verschlechtert, wenn die Crew vor lauter Müdigkeit, Kälte oder Seekrankheit nicht mehr weiter will oder wenn es bei Ankunft an der vorgesehenen Marina zu spät, zu dunkel, zu unruhig oder zu flach ist, um die Einfahrt zu wagen? Vielleicht kann man dann auf einen anderen Hafen ausweichen, vielleicht muss man aber auch umkehren oder den Anker ausbringen.

Benachrichtigung. Jemand aus dem Verwandtschafts- oder Freundeskreis sollte darüber informiert sein, wohin der Törn führt und für wann die Rückkehr geplant ist.

All diese Überlegungen werden vom gesunden Menschenverstand diktiert und dürfen nicht als Belastung gesehen werden. Mit zunehmender Erfahrung und für Kurztörns wird ein Großteil dieser Planung zu einem automatischen Vorgang, der im Kopf des Skippers abläuft, aber damit die Crew nicht außen vor bleibt, sollte man ruhig auch ein paar schriftliche Notizen machen.

2 Radarreflektoren

Jedes Schiff muss, soweit in der Praxis möglich, mit einem möglichst hoch angebrachten Radarreflektor ausgerüstet sein. Die Berufsschifffahrt navigiert zum großen Teil nach Radar, und Kleinschiffe ohne Radarreflektor tauchen auf ihren Schirmen nicht auf. Der Radarreflektor ist ein passives Gerät, das genau das tut, was der Name aussagt – er reflektiert die Radarsignale anderer Fahrzeuge und sorgt dadurch dafür, dass sie auf dem Radarschirm sichtbar werden.

Rettungssignale. Es sollte sich eine Aufstellung von Not- und Rettungssignalen an Bord befinden, damit

RETTUNGSSIGNALE

zur Verwendung durch in Not geratene Schiffe, Flugzeuge und Personen bei der Kommunikation mit Rettungsstationen, Seerettungskräften und SAR-Flugzeugen.

Land-Schiff-Signale
Hier sichere Landem

Antwortsignale der SAR-Kräfte
Sie sind gesichtet worden, Hilfe kommt so schnell wie möglich

oder

Auf- und Abschwenken be weißen Signalmitteln wie
Landen hier gefährli
Landemöglichkeit in

Orangefarbenes Rauchsignal.

3 x Stern weiß oder drei Leucht- und Schallraketen im Abstand von etwa einer Minute.

Horizontales Schwenken Flagge oder Leuchtzeiche auf dem Boden und Fortb weist auf die Richtung ei

Boden-Luft-Signale

Antwortsignale L
Nachricht verstar

Bedeutung	Optisches Signal gemäß ICAO/IMO
Benötige Hilfe	V
	X
Nein oder verneinend	N
Ja oder bestätigend	Y
Bewege mich in diese Richtung	↑

Anmerkung: Leucht- oder Flaggensignale gemäß Internationalem Signalbuch verwenden oder Symbole an Deck oder auf dem Boden mit Gegenständen auslegen, die gut gegen den Untergrund kontrastieren.

o

Nachricht abwerfen.

Nachricht nicht ver

Geradeausflug.

Richtungssignale Luft-Boden
Abfolge von drei Manövern zur Anzeige der Richtung

Antwortsignale B
Nachricht verstan

1

2

3

Kurs auf erforde Richtung ändern

Schiff mindestens einmal umkreisen.

Unter Wippen der Flügel Schiff in niedriger Höhe vor dem Bug überfliegen.

Schiff in Längsrichtung überfliegen und erforderliche Richtung einschlagen.

Ihre Hilfe wird nicht mehr benötigt.

Unter Wippen der Flügel Schiff in niedriger Höhe am Heck überfliegen.

Anmerkung: Als Ausweichmöglichkeit können auch Ton oder Lautstärke der Triebwerke variiert werden, statt mit den Flügeln zu wippen.

Kann der Anweis nicht nachkomm

Anmerkung: Das un gebenen Umständen geeignete Signal verw

TÖRNPLANUNG

Skipper und Crew erkennen können, wenn ein Schiff signalisiert, dass es in Seenot ist. Die folgende Abbildung zeigt eine Auswahl der im Notfall verwendeten Signale. Die Sichtung von Notsignalen sollte sofort über Funk gemeldet werden.

3 Hilfe für andere Schiffe

Wenn Skipper oder Crew eine Gefahr für die Schifffahrt sehen, beispielsweise eine beschädigte oder unbefeuerte Tonne, oder wenn sie ein Notsignal sichten oder einen Rettungsring finden, müssen sie möglichst bald eine entsprechende Meldung absetzen. Wenn ein anderes Fahrzeug Hilfe benötigt, muss diese Hilfe geleistet

Signalmittel und wasserdichter Behälter

werden, wenn es unter den gegebenen Umständen möglich ist und das eigene Schiff nicht gefährdet wird.

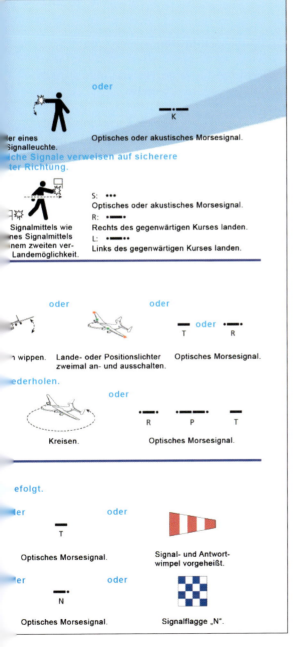

4 Missbrauch von Notsignalen

Der Gebrauch von Notsignalen außerhalb einer Notlage ist illegal und unverantwortlich. Die zuständigen Stellen gehen jeder gemeldeten Sichtung von Notsignalen nach, d.h., es könnten bei einem echten Notfall Rettungskräfte fehlen. Leuchtsignale müssen nach Ablauf des Haltbarkeitsdatums ordnungsgemäß entsorgt werden. Sie dürfen weder über Bord geworfen noch mit dem normalen Müll beseitigt oder gar im Garten vergraben werden!

▶ Wenn der Törn ins Ausland führt, muss man sich über die dortigen Bestimmungen informieren, die oft weitaus komplizierter und restriktiver sind. Die Kreuzer-Abteilung des Deutschen Segler-Verbandes hält hierzu eine Fülle von Informationen bereit. In manchen Ländern benötigen Skipper und Rudergänger einen internationalen Befähigungsnachweis, der allerdings nicht schwer zu erbringen und auch nicht zu teuer ist. Auch hier ist der Deutsche Segler-Verband oder die nächste Wassersportschule vor Ort der richtige Ansprechpartner.

■ Törnplanung: 2
Die Details

Törnplanung macht Spaß und ist fast vergleichbar mit dem Durchblättern eines Urlaubskatalogs vor der Entscheidung über die nächste Reise. Für eines Tagestörn braucht man kaum mehr zu tun, als den Gezeitenverlauf zu prüfen, einen Blick auf die Wettervorhersage zu werfen und den mitsegelnden Familienmitgliedern zu erklären: »Los geht's. Wetter und Tide stimmen. Wir sind rechtzeitig zu einem Mittagspicknick da und vor Einbruch der Dunkelheit zurück. Ich habe der Oma versprochen, dass ich sie auf dem Heimweg gegen acht Uhr anrufe. Wenn es zu spät wird, laufen wir unter Motor zurück.«

Das ist ein Törnplan, weil die wichtigsten Aspekte Berücksichtigung gefunden haben, nämlich

▶ Ist das Wetter in Ordnung?
▶ Passt der Gezeitenverlauf?
▶ Ist das Wasser tief genug für die Einfahrt in den Fluss oder die Marina am Ziel?
▶ Wirken die Gezeitenströme unterstützend oder hinderlich?
▶ Sind Boot und Crew für den Törn geeignet?
▶ Welche Alternative gibt es für den Fall, dass es dunkel wird, dass das Wetter sich verschlechtert oder dass sonst etwas falsch läuft?
▶ Ist sonst jemand über den Plan informiert?

Für einen umfangreicheren Törn ist ein detaillierterer Plan erforderlich, weil andere Bestimmung zu beachten sind und damit alle die Reise genießen können.

Bei jeder Törnplanung sind drei verschiedene Phasen zu berücksichtigen:

Phase I	Phase II	Phase III
Auslaufen	Fahrt zum Ziel	Einlaufen

Oft wird die Frage gestellt, welche der drei Phasen die wichtigste ist und welche den Zeitpunkt des Auslaufens bestimmt, aber das ist zu Anfang nur schwer zu sagen. Es gibt Fälle, in denen der Zeitpunkt des Eintreffens so kritisch ist, dass der Törn »rückwärts« geplant werden muss, aber solche Entscheidungen darf man nicht zu früh zementieren. Erst nach einem genauen Blick auf alle drei Phasen darf der Plan endgültig festgelegt werden.

Auslaufen/Einlaufen

In der ersten und der letzten Phase des Törns sind viele gleichartige Probleme zu bedenken:

▶ Wie verhält es sich mich der **Kartentiefe**? Wenn das Wasser nicht in allen Gezeitenphasen tief genug ist, muss man den **frühesten** und den **spätesten** Zeitpunkt berechnen, zu dem das Aus- bzw. Einlaufen möglich ist. Flachwasserbereiche quert man im Idealfall bei auflaufendem Wasser.
▶ Ist das Ein- oder Auslaufen bei **Dunkelheit** möglich? Sind genügend befeuerte Tonnen vorhanden und kann man sich mit der Vorstellung anfreunden? Wenn man vorher noch nie im Zielhafen gewesen ist, könnte eine Erstansteuerung bei Nacht sehr stressig werden. Sonnenauf- und -untergangszeiten im nautischen Jahrbuch nachschlagen.
▶ Wird das Ein- oder Auslaufen durch einen starken **Gezeitenstrom** in einem engen Fahrwasser erschwert oder gar unmöglich gemacht?
▶ Die **Navigation** in Mündungs- und Hafenrevieren planen. Öffnungszeiten für eventuell vorhandene **Schleusen** oder **Brücken** im Jahrbuch nachschlagen.
▶ Über lokale **Bestimmungen** und Praktiken hinsichtlich Verkehrssignalen, Ein- oder Auslaufgenehmigungen über UKW, Abhören des Funks auf Schiffsbewegungen, Benutzung der Maschine, Öffnungszeiten u.ä. informieren.
▶ Welche **Gefahren** sind zu erwarten? Es mag erforderlich sein, auf Berufsschifffahrt, Fischereifahrzeuge, Liegebereiche und unbefeuerte Tonnen zu achten.
▶ Motoryachtskipper müssen sich vergewissern, dass **Treibstoff** zur Verfügung steht.
▶ Für das Ende des Törns muss ein **Eventualfallplan** vorhanden sein. Was ist zu tun, wenn die Ankunft

TÖRNPLANUNG

zu früh oder zu spät erfolgt, sodass es zu dunkel ist, oder wenn das Wasser nicht tief genug ist, um in den vorgesehenen Hafen einzulaufen? Dazu muss man den spätesten Zeitpunkt berechnen, zu dem das Einlaufen noch möglich ist, und dann planen, was zu tun ist, wenn dieser Zeitpunkt verpasst wurde. Das kann bedeuten, dass man einen ganz anderen Hafen ansteuern, an eine Muringboje gehen, ankern oder einfach auf mehr Licht oder größere Gezeitenhöhe warten muss.

In dieser Planungsphase können sich Probleme zeigen, die sich aber umgehen lassen. Beispiele:

1. Die beste Zeit, um mit dem Gezeitenstrom vor der Küste zu laufen, passt nicht zur Öffnungszeit einer Schleuse. In diesem Fall fährt man aus der Schleuse aus, geht an eine Muringboje oder vor Anker und wartet, bis der Gezeitenstrom günstig setzt. So entgeht man dem Problem, eine Stunde durch die Schleuse den Fluss hinab mit dem Gezeitenstrom zu laufen, um ihn dann für den Rest des Tages gegen sich zu haben.

2. Es könnte erforderlich sein, tagsüber aus einem Fluss auszulaufen, wenn der Gezeitenstrom für den eigentlichen Törn in die falsche Richtung setzt. Dann verlässt man den Fluss am Tag vorher, bleibt über Nacht an einem passenden Liegeplatz und nimmt den Törn am nächsten Morgen in Angriff.

3. Die Zeit, zu der man in einen flachen Hafen einlaufen muss, lässt sich nicht in Einklang bringen mit dem Gezeitenstrom auf dem Weg dorthin. In diesem Fall nutzt man den Gezeitenstrom so gut, wie es geht, und schaut in der Karte nach, wo man die Zeit bis zum Einlaufen am besten verbringen kann.

Fahrt zum Ziel

Die Planung der mittleren Phase dauert in der Regel länger und erscheint komplizierter, da man oft mit mehreren Karten arbeiten muss. Auf dem Törn selbst braucht man insbesondere dicht unter der Küste und an Gefahrenstellen detaillierte Karten, aber für die anfängliche Planung reicht ein »Übersegler« mit der gesamten Route aus.

Folgende Punkte sind wichtig:

▶ **Wie weit** ist das Ziel entfernt und wie lange dauert es bei durchschnittlicher Fahrtgeschwindigkeit, dorthin zu kommen? Die sich daraus ergebende voraussichtliche Ankunftszeit stellt zunächst einmal einen nicht sehr genauen Näherungswert dar. Vor den Küste kann das Boot hoffentlich mit dem Gezeitenstrom laufen, sodass die Fahrt über Grund schneller wird. Bei einer Segelyacht könnten sich Probleme mit der **Windrichtung** ergeben. Eine Yacht, die kreuzt, d.h., gegen den Wind segelt, aber mit dem Gezeitenstrom läuft, muss bis zum Ziel etwa die eineinhalbfache Wegstrecke zurücklegen. Das ist schon schlecht genug, aber nicht so schlimm, wie wenn sie gegen Gezeitenstrom und Wind segeln muss und dadurch ungefähr auf die doppelte Strecke kommt. Anders ausgedrückt, um dem Ziel zehn Seemeilen näher zu kommen, muss sie etwa zwanzig Seemeilen zurücklegen. Das kann für Skipper und Crew sehr frustrierend sein!

▶ **Gezeitenströme.** Wann setzen sie in eine günstige Richtung? Für einen Törn vor der Küste kann das der wichtigste Faktor im Plan sein, der das Errechnen des Auslaufzeitpunkts so unerlässlich macht wie das Nachschlagen der Abfahrtszeit in einem Zugfahrplan. Wenn man die Daten für den jeweiligen Tag in Echtzeit in den Gezeitenatlas einträgt, sieht man auf einen Blick, wann die Gezeitenströme in eine günstige Richtung setzen und, was genauso wichtig ist, wann sie »kentern« und die Fahrt des Bootes behindern. Bei einer Segelyacht mit einer durchschnittlichen Fahrt von fünf oder sechs Knoten ist es zweckmäßig, **mit dem Gezeitenstrom zu laufen**, da sich die Fahrt über Grund dadurch erhöht und die Fahrtzeit verringert wird. Durch Addition der Stromgeschwindigkeit in den einzelnen Stunden kann man unter Umständen den Zeitgewinn berechnen und erhält damit eine genauere voraussichtliche Ankunftszeit. Bei einer Motoryacht in Gleitfahrt spielt der **Seegang** eine wichtigere Rolle. Die See ist glatter, wenn die Richtungen von Wind und Gezeitenstrom übereinstimmen. Glattes Wasser ermöglicht eine optimale Reisegeschwindigkeit bei geringem Treibstoffverbrauch und angenehmer Fahrt.

▶ **Route planen.** Es empfiehlt sich, eine Karte mitzunehmen, aus der die gesamte Route mit der generellen Richtung und der Gesamtentfernung ersichtlich ist. Wenn das nicht möglich ist, sollte man eine Skizze mit Kurs- und Entfernungsangaben anfertigen. Diese Skizze muss mit den unterwegs zu verwendenden Detailkarten abgeglichen werden, um sicherzustellen, dass die Route ungefährlich ist. Beim Zeichnen der Route hat man gleich die Gelegenheit, Wegpunkte zu wählen und die Abstände und Kurse zwischen ihnen zu messen. Wenn diese Wegpunkte als Route in das GPS-Gerät eingegeben werden sollen, ist darauf zu achten, dass die aus der Karte herausgemessenen Entfernungen und Kurse mit den GPS-Berechnungen übereinstimmen. Es passiert sehr schnell, dass Wegpunkte falsch in das GPS-Gerät eingegeben werden, und das kann sehr gefährlich werden. Skipper schneller Yachten setzen ihre Wegpunkte oft so, dass sie nicht genau auf, sondern ein Stück neben festen oder schwimmenden Objekten liegen.

▶ Welche **Gefahrenstellen** wie Sandbänke, Unterwasserklippen, Verkehrstrennungsgebiete oder Bereiche mit dichtem Schiffsverkehr sind auf der Route zu beachten?

▶ Gibt es Stellen auf der Route, an denen der Gezeitenstrom besonders problematisch ist? Vor Landspitzen können die Gezeitenströme beispielsweise extrem stark sein, sodass man dort nicht zu spät oder zu früh eintreffen darf.

Wenn es auf die Ankunftszeit ankommt, der Wind aber sehr schwach ist, muss man bei einer Segelyacht gegebenenfalls den Motor zu Hilfe nehmen, um rechtzeitig einzutreffen, oder darf gar nicht erst auslaufen.

TÖRNPLANUNG

Auf den Plan als Ganzes kommt es an:
Alle drei Phasen müssen optimal aufeinander abgestimmt sein.

Ein Seetörn ist eine Reise wie jede andere, d.h., sobald der zeitliche Ablauf geplant ist, muss man sich daran halten oder einen anderen Zielort wählen.

■ **Der Routenplan**

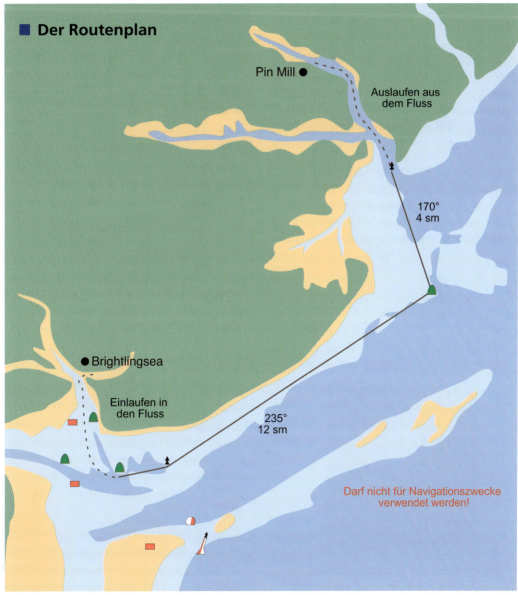

Abb. 73

Elektronik

■ Elektronik: 1
Die Grundlagen

Wenn man ein Boot kauft oder chartert, sieht man sich aller Wahrscheinlichkeit nach mit einer Unmenge elektronischer Hilfsmittel konfrontiert. Diese Geräte sind ein wahrer Segen, aber wenn man sie selbst kaufen muss, sollte man sich angesichts der Angebotsvielfalt von einem Fachmann beraten lassen. Noch besser wäre es, sich mit ihnen auf dem Boot eines Bekannten, einer Wassersportschule oder eines Vercharterers vertraut zu machen. Dabei darf man nicht nur an den unmittelbaren Nutzen und an die Anschaffungskosten denken, sondern muss auch überlegen, wie leicht oder schwer die Geräte zu bedienen sind, wie groß die Anzeige ist, ob Aktualisierungsbedarf besteht und ob sie multifunktional erweitert werden können.

Das wichtigste Hilfsmittel nach dem Steuerkompass ist die **Logge**, die die zurückgelegte Strecke und die Fahrt durchs Wasser misst. Bei den meisten Loggen geschieht das heute über einen Propeller an der Unterseite des Bootes. Die Anzeige muss leicht ablesbar sein; Navigator und Rudergänger müssen Zugriff auf die angezeigten Daten haben.

Der **Loggenimpeller** kommt leicht durch Seetang o.ä. unklar, lässt sich aber problemlos säubern, indem

Der Propeller der Logge ragt unten aus dem Rumpf heraus (oben). Er kann zum Säubern nach oben herausgezogen werden (unten).

Mehrfachanzeige. Die Logge zeigt eine zurückgelegte Strecke von 15 sm. Die Fahrt beträgt gegenwärtig 5,2 kn.

man ihn nach oben in das Boot zieht. Da die Öffnung im Rumpf durch ein Rückschlagventil oder eine Schraubkappe geschützt ist, besteht für das Boot auch im Wasser kaum Gefahr. Wenn beide Schutzvorrichtungen fehlen, kann man die Öffnung auch mit dem Handballen verschließen, was allerdings die Säuberung des Propellers sehr schwierig macht! Auch ein großer

ELEKTRONIK

Die Tiefe beträgt 10,1 m.

Der Flachwasseralarm sollte auf einen sicheren Wert eingestellt werden, z.B. 2,5 m.

Schwamm, der tief in die Öffnung gedrückt wird, tut seine Dienste, muss aber natürlich genau beobachtet werden. Wenn der Propeller nicht sauber ist, zeigt die Logge wahrscheinlich zu niedrige Werte an, und das kann verwirrend und vielleicht sogar gefährlich sein. Die Anzeigegenauigkeit lässt sich über eine bekannte Strecke prüfen; anschließend kann das Instrument geeicht werden. Das geschieht nach Möglichkeit in stillem Wasser; bei Gezeitenstrom muss man die Strecke zweimal abfahren, einmal mit und einmal gegen den Strom, und aus den beiden Geschwindigkeiten den Mittelwert bilden. Wenn ein gebraucht gekauftes Instrument auch bei sauberem Propeller dauernd Ärger macht, lässt man es am besten von einem Fachmann überprüfen, zumal ein eventuell erforderlicher Austauschimpeller mit dem Instrument kompatibel sein muss. Alternativ kann man das GPS-Gerät dazu verwenden, die Logge zu eichen.

Das digitale **Echolot** von heute ist leicht abzulesen und bietet Optionen wie Flach- und Tiefwasseralarm, die bei der Küstenfahrt sehr nützlich sein können. Man hört gelegentlich, der Zweck des Echolots bestehe darin, das Boot davor zu bewahren, auf Grund zu laufen. Dem ist aber offensichtlich nicht so, da ja anscheinend immer wieder Boote Grundberührung haben. Der Flachwasseralarm kann hier sinnvoll eingesetzt werden. Er muss so eingestellt sein, dass er bei Verlassen einer Fahrrinne ertönt und nicht erst unmittelbar, bevor Boot und Grund unsanft Bekanntschaft schließen. Der Tiefwasseralarm kann dazu genutzt werden, das Boot von einer Fahrrinne für die Großschifffahrt freizuhalten. Das Echolot lässt sich in der Regel so einstellen, dass es entweder die Tiefe unter dem Sensor oder die Tiefe unter dem Kiel oder die Wassertiefe insgesamt anzeigt. Jeder Skipper muss selbst entscheiden, welche Einstellung er wählt, sollte sich auf einem fremden Boot aber auf jeden Fall informieren, wie das Gerät eingestellt ist.

Wenn Logge und Echolot funktionieren, kommt als nächstes das **VHF/DSC-Gerät** an die Reihe – nicht unbedingt für die Navigation, aber als wesentlicher Teil der Elektronikausrüstung des Bootes. Ein Handfunkgerät bietet den Vorteil, dass man es mitnehmen kann, wenn man auf mehreren Booten segelt, kommt aber für den Bootseigner wegen der niedrigen Antennenhöhe, der geringen Sendeleistung und der fehlenden DSC-Ausstattung eher weniger in Frage. Im Nautischen Jahrbuch finden sich die in Hafenrevieren abzuhörenden und (bei Bedarf) zu verwendenden VHF-Kanäle und Sendezeiten der Schiffssicherheitsnachrichten. Dazu gehören Wettervorhersagen und Warnmeldungen.

Festes und tragbares VHF-Funkgerät.

85

Auf See ist es anzuraten, Kanal 16 abzuhören (senden sollte man auf diesem Kanal nur im Notfall).

Das nächste, was sich die meisten Freizeitskipper wünschen, ist ein **GPS-Empfänger**; viele kaufen sich sogar schon einen Handempfänger, wenn sie noch gar kein Boot besitzen. Die einfachen Geräte – nicht größer als ein Mobiltelefon – besitzen eine eingebaute Antenne und werden mit Batterien betrieben, sodass sie überall einsetzbar sind. Sogar diese Geräte bieten neben der Positionsanzeige viele Optionen wie die Speicherung von Wegpunkten, das Erstellen einer Route, die Anzeige von Richtungen als rechtweisend oder magnetisch, die Änderung des

GPS-Gerät mit Anzeige von Breite und Länge.

Bezugssystems und vieles mehr. Beim erstmaligen Einschalten an einem neuen Ort muss der Empfänger hart arbeiten, um seinen Standort und damit die zu nutzenden Satelliten zu berechnen, aber danach zeigt er die Ergebnisse sehr schnell an. Wenn er dann auf einen Flottillentörn oder auf einen Chartertörn in der Karibik mitgenommen wird, dauert es wieder etwas, bis er sich neu orientiert hat. Wichtig ist es, den Empfänger über das Menü auf das **Bezugssystem** der Karte einzustel-

len – in den meisten Fällen WGS84. Die entsprechende Angabe findet sich auf der Karte.

Für den Bootseigner ist es von Vorteil, wenn er über ein größeres, fest eingebautes Gerät verfügt, das an die Stromversorgung der Yacht angeschlossen ist und eine feste Außenantenne besitzt. Die von einem solchen Empfänger gelieferten Positionsdaten können über einen NMEA-Anschluss an das VHF/DSC-Funkgerät und an weitere Geräte wie einen elektronischen Kartenplotter, einen Yeoman-Plotter oder an ein Radargerät weitergegeben werden. Der GPS-Empfänger benötigt eine Antenne mit »Himmelssicht«, die im Interesse einer guten Signalqualität möglichst tief auf dem Boot montiert sein sollte.

Als weiteres Hilfsmittel kommt der **Yeoman-Plotter** in Betracht. Diese britische Erfindung ist seit einigen Jahren auf dem Markt und hat aufgrund ständiger Weiterentwicklung bei relativ niedrigem Preis eine Menge zu bieten. Der Plotter stellt eine Verbindung zwischen **Papierkarte und GPS** her und eliminiert damit die häufigsten Navigationsfehler. Der aktive Digitalisierer kann zusammen mit beliebigen Seekarten bis zur Größe A2 verwendet werden. Die Karte wird dabei durch einen Weichplastiküberzug gehalten und geschützt. Alle Zeichenvorgänge finden auf diesem Überzug statt, der einen freien Blick auf die Karte ermöglicht. Die Verbindung zum GPS und zum Digitalisierer erfolgt mittels einer speziellen Computermaus, die als »Puck« bezeichnet wird. Bei einem Austausch müssen die neue Karte und der Plotter kalibriert werden, anschließend können die GPS-Positionsdaten in Sekundenschnelle in die Karte übernommen werden, und zwar ohne Fehler. Ein Wegpunkt kann auf Knopfdruck im GPS-Gerät gespeichert werden, ohne dass die Möglichkeit besteht, einen Fehler zu machen. Mit Hilfe des Pucks lassen sich Entfernungen und Richtungen messen, und mit etwas Erfahrung kann man mit dem Gerät alles in die Karte einzeichnen und aus ihr herausmessen, was auch mit einem normalen Kartenlineal möglich ist. Der Yeoman-Plotter ist stabil gebaut, schützt die Papierkarten vor Beschädigung und Abnutzung und benötigt zur Aktualisierung nur einen Satz neuer Karten – vor allem aber verhindert er den häufigsten Fehler, nämlich

ELEKTRONIK

die falsche Übertragung von Breite und Länge von der Karte zum GPS und umgekehrt. Er ist schnell und leicht einzusetzen, benötigt nur wenig Praxis und erweist sich als umso nützlicher, je länger man damit arbeitet. Für den Fall, dass kein Kartentisch vorhanden ist, steht eine Version mit stabiler Unterlage und Überzug zur Verfügung.

Weitere Informationen finden sich unter www.precision-navigation.co.uk.

■ Elektronik: 2 Kartenplotter

Kartenplotter sind eine neuere Entwicklung und erfreuen sich zunehmender Beliebtheit. Sie sind kein Ersatz für Kenntnisse der Navigation und die Fähigkeit, auf See zu navigieren, sondern nur eine andere Herangehensweise. Kartenplotter stellen eine elektronische Seekarte auf einem Bildschirm dar und empfangen über ein eingebautes Modul oder eine Schnittstelle die GPS-Daten des Schiffsortes, die dann sofort auf dem Bildschirm zu sehen sind. Da die Technik auf diesem Gebiet in einem raschen Wandel begriffen ist und die Geräte sehr teuer werden können, fragt man am besten

einen Fachmann um Rat. Manche Kartenplotter haben sogar Gezeitenangaben gespeichert und können auch einen Kurs durchs Wasser berechnen – sie bilden damit ein vollständiges Navigationssystem.

Grundvoraussetzungen sind:

▶ Ein **Bildschirm** zur Darstellung der elektronischen Karten. Das kann ein Computermonitor sein, d.h., man muss einen Laptop mit an Bord nehmen, oder ein eigenständiger Kartenplotter. Der Plotter hat möglicherweise einen viel kleineren Bildschirm, ist aber im Gegensatz zum Computer für den Einsatz auf See konzipiert.

▶ Die **Software** für die Kartenarbeit. Der Plotter ist mit der erforderlichen Software ausgestattet, aber ein Computer benötigt in den meisten Fällen ein zusätzliches Programm, um mit den Karten arbeiten zu können. Computerprogramme sind in der Bedienung oft komplizierter, aber wenn schon ein Computer an Bord ist, kann er auch für weitere Zwecke eingesetzt werden, etwa für Internetverbindungen, Weitverkehrskommunikation und das Beschaffen von Wetterdaten. Besonders Langfahrtskipper setzen auf Seekartenprogramme, die auf dem Computer laufen.

▶ Die **elektronischen Karten** selbst müssen angeschafft werden. Es gibt sie in zwei unterschiedlichen Formen – als **Raster**- und als **Vektorkarte**. Der Unterschied liegt in der Art und Weise der Darstellung auf dem Bildschirm und den Nutzungseigenschaften. Weitere wichtige Überlegungen sind die Daten, aus denen die Karten zusammengestellt werden, die Aktualisierungsmöglichkeiten und die Kosten. Das BSH gibt beispielsweise wöchentlich Berichtigungen der elektronischen Seekarten für die Berufsschifffahrt heraus, aber das ist bei den Anbietern von Karten für die Sportschifffahrt nicht notwendigerweise auch der Fall. Dabei können Seekarten sehr schnell veralten.

Die **Rasterkarte** ist eine gescannte Version der entsprechenden Papierkarte und sieht daher genauso aus. Rasterkarten kommen überwiegend auf dem Computer zum Einsatz.

Die gescannten Karten bieten auf dem Bildschirm einen sehr vertrauten Anblick, können aber wie jedes andere gescannte Bild in keiner Weise geändert oder manipuliert werden. Sie bieten keinerlei Informationen über das hinaus, was in der Karte zu sehen ist. Das Bild auf dem Schirm besteht aus erleuchteten Bildpunkten, die stark verzerrt werden, wenn sie über den vorgegebenen Maßstab hinaus vergrößert werden.

ELEKTRONIK

Im Jahre 2004 brachte das britische hydrografische Institut in Zusammenarbeit mit der Royal Yachting Association erstmals den »Admiralty RYA Electronic Chart Plotter« heraus. Dabei handelt es sich um eine Einzelplatz-CD mit fünfzehn Karten für lokale Reviere. Weitere Software ist für die Nutzung dieser Karten nicht erforderlich; damit bieten sie eine ausgezeichnete und günstige Möglichkeit, sich mit elektronischen Seekarten vertraut zu machen.

Vektorkarten werden nach einem völlig anderen und weitaus komplizierteren System produziert. Dabei wird das Bild aus verschiedenen Ebenen aufgebaut, sodass die Darstellung auf dem Bildschirm geändert werden kann. Die in den Plotter integrierte Software zur Anzeige der Karten ermöglicht eine Darstellung in verschiedenen Maßstäben. Man kann beispielsweise Daten weglassen oder nähere Informationen zu einer Tonne abfragen. Diese Vielseitigkeit ist der Grund dafür, dass Vektorkarten auch als intelligente Karten bezeichnet werden. Vektorkarten gelten vielfach als kommende Lösung für alle Navigationssysteme. Sie stellen die neueste und fortschrittlichste Technik dar.

Zu den weiteren Möglichkeiten gehören Alarmeinstellungen für Gefahrenstellen und Flachwasser. Das Menü eines Plotters ist außerdem im Allgemeinen weniger kompliziert, und die Bedienung ist auf See leichter als bei einem Computer. Das Gerät ist wasserdicht, robust und im Unterschied zu einem nur gelegentlich gebrauchten Computer fest eingebaut. Bei einem Problem mit dem Plotter hat man außerdem mit dem Hersteller nur einen Ansprechpartner – und nicht drei wie beim Computer, bei dem man es mit Computerhersteller, Softwarefirma und Kartenproduzent zu tun hat.

Da die Daten von Vektorkarten von privaten Unternehmen stammen können und nicht von staatlichen Stellen, muss man beim Kauf darauf achten, wie aktuell sie sind und welche Aktualisierungsmöglichkeiten bestehen.

Die Vergrößerung einer Vektorkarte lässt weitere Details hervortreten.

Bei keinem Plotsystem ist es mit einem Einzelkauf getan. Papierkarten werden beschädigt und nutzen sich ab, sodass man neue kaufen muss, während die elektronischen Karten makellos bleiben. Aber Vorsicht: Auch sie müssen aktualisiert werden. Veraltete oder qualitativ schlechte Karten führen zu Unsicherheit und sind möglicherweise gefährlich.

Auch wenn man qualitativ gute und aktuelle elektronische Karten an Bord hat und damit umgehen kann, muss man ausreichend Papierkarten mitführen und den Umgang mit ihnen üben, denn elektronische Karten oder ihre Stromversorgung sollen gelegentlich den Geist aufgeben! Und außerdem macht das Navigieren ja Spaß!

Die »Sierra«

■ Die »Sierra«
... und weiter geht die Fahrt

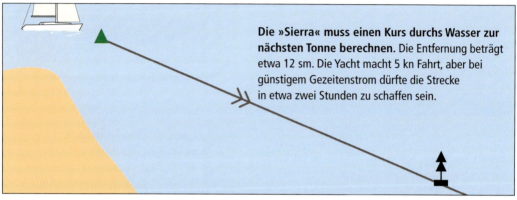

Die »Sierra« muss einen Kurs durchs Wasser zur nächsten Tonne berechnen. Die Entfernung beträgt etwa 12 sm. Die Yacht macht 5 kn Fahrt, aber bei günstigem Gezeitenstrom dürfte die Strecke in etwa zwei Stunden zu schaffen sein.

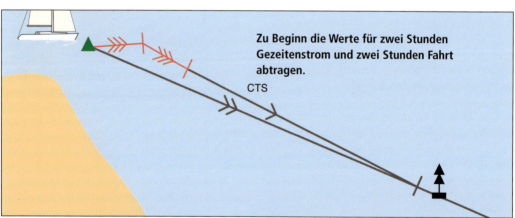

Zu Beginn die Werte für zwei Stunden Gezeitenstrom und zwei Stunden Fahrt abtragen.
CTS

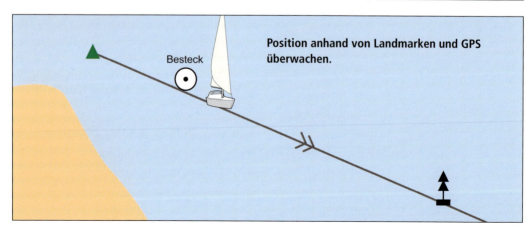

Besteck

Position anhand von Landmarken und GPS überwachen.

DIE »SIERRA«

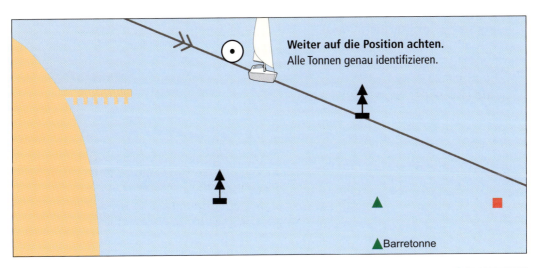

Weiter auf die Position achten. Alle Tonnen genau identifizieren.

Barretonne

An der Barretonne Motor anlassen und Segel niederholen. Jetzt kommt der Plan für die Revierfahrt zum Tragen.

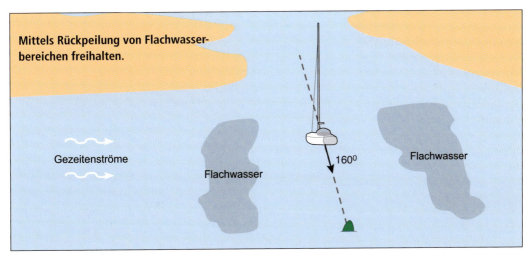

Mittels Rückpeilung von Flachwasserbereichen freihalten.

Gezeitenströme

Flachwasser

160°

Flachwasser

HOPKINSON • NAVIGATION FÜR EINSTEIGER

Die nächste Tonne, sobald sie voraus in Sicht kommt, mit dem Hintergrund in Linie bringen (Deckpeilung) und Kurs halten.

Der betonnten Fahrrinne folgen.

Vor der Einfahrt Tiefe prüfen:
Gezeitenhöhe + Kartentiefe
= Wassertiefe

Zu früh?
Vor Anker gehen und Kaffee trinken.
Zu spät?
Wie war das noch mal
mit dem Alternativplan?

92

DIE »SIERRA«

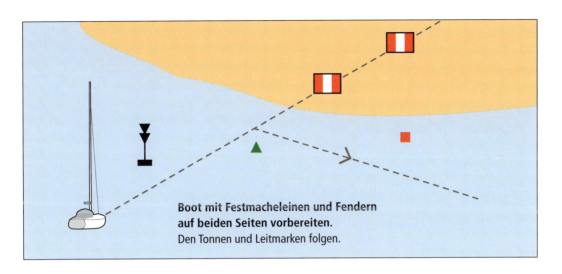

Boot mit Festmacheleinen und Fendern auf beiden Seiten vorbereiten.
Den Tonnen und Leitmarken folgen.

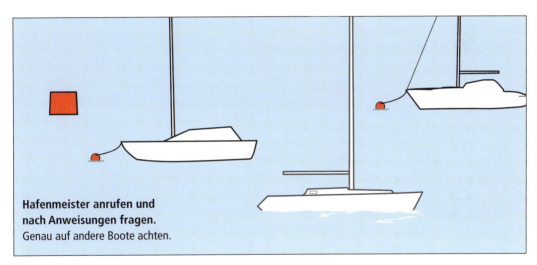

Hafenmeister anrufen und nach Anweisungen fragen.
Genau auf andere Boote achten.

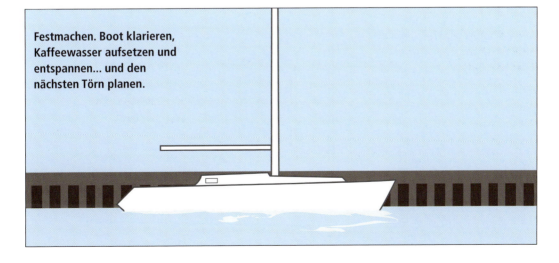

Festmachen. Boot klarieren, Kaffeewasser aufsetzen und entspannen... und den nächsten Törn planen.

Navigation...

Navigation ...
kurz und bündig

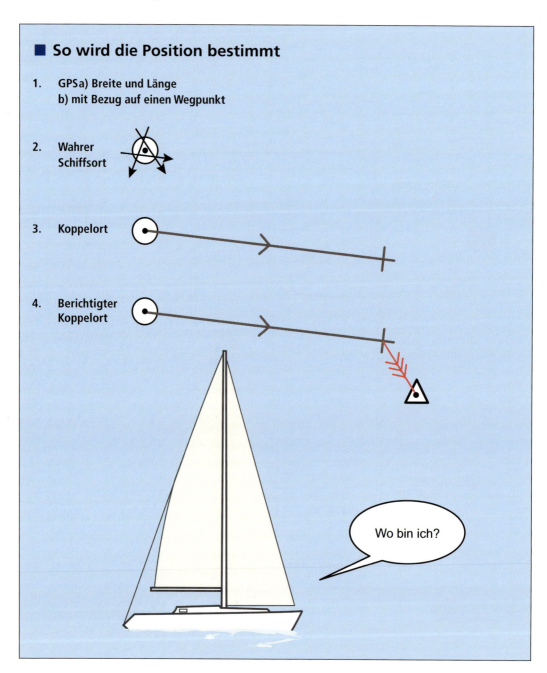

NAVIGATION...

■ So kommt man zum Ziel

1. KdW

Wie komme ich zum nächsten Punkt?

Das war's schon!

Glossar

Berichtigter Koppelort. Bei einem berichtigten Koppelort wurde der Koppelort mit dem Gezeitenstrom »beschickt«.

Deviation. Die Deviation oder Ablenkung wird durch das Eigenmagnetfeld des Schiffes verursacht und wirkt sich auf jeden Kompass je nach dessen Aufstellungsort anders aus. Sie ist außerdem vom Kurs abhängig.

Fahrtzeit. Aktuelle Zeit plus Fahrtzeit ergibt die voraussichtliche Ankunftszeit (ETA).

FüG. Die Fahrt über Grund wird an der Logge **nicht** angezeigt. Sie ergibt sich aus der (an der Logge angezeigten) Fahrt durchs Wasser und dem Gezeitenstrom. Das GPS kann die Fahrt über Grund anzeigen.

Gezeitenhöhe. Die Gezeitenhöhe entspricht der Wasserhöhe über Kartennull. Die Zahlen in den Gezeitentafeln stehen für die Gezeitenhöhe bei HW und bei NW. Zwischenwerte können anhand der Tidenkurve berechnet werden.

Interpolieren. Einfügen einer passenden Zahl in eine Zahlenreihe; 14 entspricht beispielsweise einem Sechstel des Abstands zwischen 12 und 24.

Kartennull. Das Kartennull ist die in Seekarten verwendete Bezugsebene für die Angabe der Kartentiefe. Es entspricht etwa dem niedrigst möglichen Gezeitenwasserstand.

KdW. Der Kurs durchs Wasser ist ein vorausberechneter Kurs, bei dem die vorhergesagten Gezeitenströme und die geschätzte Abdrift berücksichtigt worden sind.

Koppelort. Eine Position, die nur aus der versegelten Strecke und Richtung ermittelt wird. Abdrift kann dabei berücksichtigt sein. Ziemlich ungenauer Schiffsort.

KüG. Der Kurs über Grund. In der Karte mit zwei Pfeilen gekennzeichnet. Weg über dem Meeresgrund, auf dem sich das Boot bewegt oder bewegen wird.

Missweisung. Die Missweisung beeinflusst sowohl Steuer- als auch Handpeilkompasse und wird durch das Erdmagnetfeld verursacht. Sie ist der Unterschied zwischen der magnetischen Nordanzeige am Kompass und der rechtweisenden (oder geografischen) Nordanzeige in der Karte. Die Missweisung ist örtlich verschieden und wird in der Kompassrose in der Karte angegeben.

Wassertiefe. Die Wassertiefe ergibt sich aus der Gezeitenhöhe und der in der Karte verzeichneten Kartentiefe oder trockenfallenden Höhe.

Wegpunkt. Ein Wegpunkt ist ein vom Navigator gewählter Punkt in der Karte. Es kann sich um einen beliebigen Punkt oder auch um eine Tonne als Teil einer Route handeln. Wenn Breite und Länge des Wegpunkts in den GPS-Empfänger eingegeben werden, zeigt das Gerät unter ständiger Aktualisierung die **Richtung** und die **Entfernung** zum Wegpunkt an. Ursprünglich dienten Wegpunkte zur Festlegung einer Route; sie können aber auch dazu verwendet werden, den Schiffsort schneller und einfacher als mittels Länge und Breite in die Karte einzuzeichnen.

XTE. Abkürzung für Cross Track Error (rechtwinklige Abweichung von der Kurslinie). Wenn ein Wegpunkt in den GPS-Empfänger eingegeben ist, zeigt das Gerät unter ständiger Aktualisierung Richtung und Entfernung zu diesem Wegpunkt. Der XTE ist der in Zehntel Seemeilen angegebene seitliche Abstand zu dem vom GPS vorgegebenen Sollkurs.

Websites
www.DSV.org
www.DGZRS.de
www.Pietsch-Verlag.de
www.rya.org.uk
www.ukho.gov.uk
www.pinmillcruising.co.uk